實戰智慧館 405 李仁芳 策劃

王永慶
經營理念研究

郭泰／著

實戰智慧館 405

王永慶經營理念研究

作　者——郭泰

主　編——呂曼文
封面設計——唐壽南
企劃經理——金多誠
財經企管叢書總編輯——吳程遠
出版一部總監——王明雪
策　劃——李仁芳博士

發行人——王榮文
出版發行——遠流出版事業股份有限公司
臺北市 100 南昌路二段 81 號 6 樓
郵撥／ 0189456-1
電話／ 2392-6899　傳眞／ 2392-6658

著作權顧問——蕭雄淋律師
法律顧問——董安丹律師
排版——中原造像股份有限公司

2012 年 9 月 1 日　初版一刷
行政院新聞局局版臺業字第 1295 號

定價 / 新台幣 360 元（缺頁或破損的書，請寄回更換）

ISBN：978-957-32-7039 -3

YLib 遠流博識網
http：//www.ylib.com　E-mail：ylib@ylib.com
http://www.ylib.com /ymba　E-mail: ymba@ylib.com

《實戰智慧館》

出版緣起

王榮文

在此時此地推出《實戰智慧館》，基於下列兩個重要理由：其一，臺灣社會經濟發展已到達了面對現實強烈競爭時，迫切渴求實際指導知識的階段，以尋求贏的策略；其二，我們的商業活動，也已從國內競爭的基礎擴大到國際競爭的新領域，數十年來，歷經大大小小商戰，積存了點點滴滴的實戰經驗，也確實到了整理彙編的時刻，把這些智慧留下來，以求未來面對更嚴酷的挑戰時，能有所憑藉與突破。

我們特別強調「實戰」，因爲我們認爲唯有在面對競爭對手強而有力的挑戰與壓力之下，爲了求生、求勝而擬定的種種決策和執行過程，最値得我們珍惜。經驗來自每一場硬仗，所有的勝利成果，都是靠著參與者小心翼翼、步步爲營而得到的。我們現在與未來最需要的是腳踏實地的「行動家」，而不是缺乏實際商場作戰經驗、徒憑理想的「空想家」。

我們重視「智慧」。「智慧」是衝破難局、克敵致勝的關鍵所在。在實戰中，若缺乏智慧的導引，只恃暴虎馮河之勇，與莽夫有什麼不一樣？翻開行銷史上赫赫戰役，都是以智取勝，才能建立起榮耀的殿堂。孫子兵法云：「兵者，詭道也。」意思也明指在競爭場上，智慧的重要性與不可取代性。

《實戰智慧館》的基本精神就是提供實戰經驗，啓發經營智慧。每本書都以人人可以懂的文字語言，綜述整理，爲未來建立「中國式管理」，鋪設牢固的基礎。

遠流出版公司《實戰智慧館》將繼續選擇優良讀物呈獻給國人。一方面請專人蒐集歐、美、日最新有關這類書籍譯介出版；另一方面，約聘專家學者對國人累積的經驗智慧，作深入的整編與研究。我們希望這兩條源流並行不悖，前者汲取先進國家的智慧，作爲他山之石；後者則是強固我們經營根本的唯一門徑。今天不做，明天會後悔的事，就必須立即去做。臺灣經濟的前途，或亦繫於有心人士，一起來參與譯介或撰述，集涓滴成洪流，爲明日臺灣的繁榮共同奮鬥。

這套叢書的前五十三種，我們請到周浩正先生主持，他爲叢書開拓了可觀的視野，奠定了紮實的基礎；從第五十四種起，由蘇拾平先生主編，由於他有在傳播媒體工作的經驗，更豐實了叢書的內容；自第一一六種起，由鄭書慧先生接手主編，他個人在實務工作上有豐富的操作經驗；自第一三九種起，由政大科管所教授李仁芳博士擔任策劃，希望借重他在學界、企業界及出版界的長期工作心得，能爲叢書的未來，繼續開創「前瞻」、「深廣」與「務實」的遠景。

《實戰智慧館》

策劃者的話

李仁芳

企業人一向是社經變局的敏銳嗅覺者，更是最踏實的務實主義者。

九〇年代，意識形態的對抗雖然過去，產業戰爭的時代卻正方興未艾。

九〇年代的世界是霸權顛覆、典範轉移的年代：政治上蘇聯解體；經濟上，通用汽車（GM）、IBM虧損累累——昔日帝國威勢不再，風華盡失。

九〇年代的台灣是價值重估、資源重分配的年代：政治上，當年的嫡系一夕之間變偏房；經濟上，「大陸中國」即將成爲「海洋台灣」勃興「鉅型跨國工業公司（Giant Multinational Industrial Corporations）」的關鍵槓桿因素。「大陸因子」正在改變企業集團掌控資源能力的排序——五年之內，台灣大企業的排名勢將出現嶄新次序。

企業人（追求筆直上昇精神的企業人！）如何在亂世（政治）與亂市（經濟）中求生？外在環境一片驚濤駭浪，如果未能抓準新世界的砥柱南針，在舊世界獲利最多者，在新世界將受傷最大。

亂世浮生中，如果能堅守正確的安身立命之道，在舊世界身處權勢邊陲弱勢者，在新世界將掌控權勢舞台新中央。

《實戰智慧館》所提出的視野與觀點，綜合來看，盼望可以讓台灣、香港、大陸，乃至全球華人經濟圈的企業人，能夠在亂世中智珠在握、回歸基本，不致目眩神迷，在企業生涯與個人前程規劃中，亂了章法。

四十年篳路藍縷，八百億美元出口創匯的產業台灣（Corporate Taiwan）經驗，需要從產業史的角度記錄、分析，讓台灣產業有史為鑑，以通古今之變，俾能鑑往知來。

《實戰智慧館》將註記環境今昔之變，詮釋組織興衰之理。加緊台灣產業史、企業史的紀錄與分析工作。從本土產業、企業發展經驗中，提煉台灣自己的組織語彙與管理思想典範。切實協助台灣產業能有史為鑑，知興亡、知得失，並進而提升台灣乃至華人經濟圈的生產力。

我們深深確信，植根於本土經驗的經營實戰智慧是絕對無可替代的。另一方面，我們也要留心蒐集、篩選歐美日等產業先進國家，與全球產業競局的著名商戰戰役，與領軍作戰企業執行首長深具啓發性的動人事蹟，加上本叢書譯介出版，俾益我們的企業人汲取其實戰智慧，作為自我攻錯的他山之石。

追求筆直上昇精神的企業人！無論在舊世界中，你的地位與勝負如何，在舊典範大滅絕、新秩序大勃興的九〇年代，《實戰智慧館》會是你個人前程與事業生涯規劃中極具座標參考作用的羅盤，也將是每個企業人往二十一世紀新世界的探險旅程中，協助你抓準航向，亂中求勝的正確新地圖。

【策劃者簡介】

李仁芳教授，一九五一年出生於台北新莊。曾任政治大學科技管理研究所所長，輔仁大學管理學研究所所長，企管系主任，現為政大科技管理研究所教授，主授「創新管理」與「組織理論」，並擔任行政院國家發展基金創業投資審議會審議委員，交銀第一創投股份有限公司董事，經濟部工業局創意生活產業計畫共同召集人，中華民國科技管理學會理事，學學文化創意基金會董事，文化創意產業協會理事，陳茂榜工商發展基金會董事。近年研究工作重點在台灣產業史的記錄與分析。著有《管理心靈》、《7-ELEVEN統一超商縱橫台灣》等書。

特別收錄

悼念王永慶

鴻海科技集團
郭台銘總裁

王前董事長永慶前輩：

謹以恭敬的心情在四萬呎高空之上，在與您心靈溝通最近的咫尺天涯之距，願靈犀相通，將晚輩隱藏心中的過往追憶寄念二三，用作您離開我們塵世返歸天上神府將屆一年之追念，晚輩更以最虔誠的緬懷之心，遙寄無限的思念與感戴，沒有您精神的導引與人生的教誨，晚輩無以找尋人生奮鬥的目標，望您天上有知，永遠賜教。

您的一生，除了工作還是工作，爲您的理想工作，爲社會盡責工作，爲國家競爭力的提升工作，爲弱勢族群、爲社會公益工作，在您的身上我們看到了「臺灣精神」，也就是「臺灣的水牛精神」，任勞任怨、無怨無悔、一步一腳印的實在耕耘，犧牲奉獻的水牛精神。可是您走了，臺灣水牛也漸凋零了，臺灣精神也逐漸在喪失中，這不就是您所謂之「先天下之憂而憂」的關鍵所在嗎？請賜福臺灣人，找回臺灣水牛的精神吧！

記得晚輩剛開始創業之時，您的企業已是臺灣最大且經營績效最好的企業，您非但沒有自滿、奢華與浮誇，仍每天努力地奮鬥工作著。從報導中得知您每天凌晨四點多起床來到市立體育場，每天一定要跑完五千公尺後才回去上班，數十年如一日。那時臺灣所有的青年創業家都視您爲「經營導師」，愚昧的晚輩自以爲「毅力」是簡單做做即可達到的易事，興致沖沖買了雙球鞋，艱難地起了個大早已是六點多；第一天跑了一千六百公尺，自信尙滿地認爲練習幾天可跑到五千公尺，以我的年紀，多努力幾天應可達到您的標準。但再連續跑了兩週，最多只跑到三千公尺就跑不下去了，藉故所有可推託之理由，放棄了這看似簡單卻非有堅強意志力，便無法克服的心身兩大障礙。我心中投降了，從此更對您有了無比的佩服之意，並且才眞正瞭解「堅定的毅力」是多麼難以要求自己去克服的身心障礙，我做不到，因爲我是一個平凡的庸俗之輩。

還記得有次帶領我們公司幾位重要幹部到您府上，向您請教經營之各種經驗及訣竅。您直言，經營沒有捷徑，更沒有訣竅，只有扎扎實實的追根究柢，不達目標絕不罷休的實幹精神。第一句您劈頭就問了「你們公司自認爲是做電腦的高科技公司，那你們自以爲用電腦的技術是比我們傳統產業會高一等的吧，你們每個月的結算及經營績效分析財報在每月的幾日才會結出數字？」我以些許不安但仍小有自豪的口語向您報告，大概每個月五日到八日之間會結報出來。誰知您直言不諱地教導地說：「無效啦」（台語）、「笑死人」（台語），「做電腦的公司『愛擱拖甲歸禮拜』（台語），「我們台塑整個集團分到每個事業部處，每個月一日中午以前，一定會把所有營業結算及各事業部處的損益及經營分析和對策送到我的桌上。」（您加重語氣地說）「統（台語）世界的工廠喔，阮已經做十幾年落，不但是數字，嘛愛（台語）包括所有的經營改善對策。」王前董事長，我現在要向您坦白我當時的心境，眞是無地自容。我眞想挖個地道藏起來，才可些微地削減難堪與自信心全失的侷促。當時要不是董娘催促並緩頰地轉移到餐廳去開始用餐，自以爲是經營尙可的我，有如敗軍之犬，在所有重要幹部面前嘗到了什麼叫做「追根究柢、持續改善」的台塑王董精神了。到今天我仍要向您從實招來，又花了多年的改善及努力，我們目前仍達不到您說的最起碼規定：每個月的一日下午，全世界的關係企業都會結算完成並分析改善。這不是一個單純的經營能力而已，這是一個代表您過去五十年來所建立起經營指標所必累積的表單及流程的數據整合資料的系統，這不是一蹴可幾，也不是任何管理學大師用理論所能完成的扎實苦活兒。王前董事長您不是人，您是「神」，您是「經營之神」！放眼天下像台塑集團這麼大及複雜的事業體，全世界有幾家公司可以將此經營管理系統執行得如此扎實，這就是「執行力」。

最近有個八八水災重創南臺灣，原住民的聚居山區部落尤爲嚴重。晚輩跑了兩趟災區想盡些棉薄之力，但從接觸原住民同胞口中得知，早在數十年前，您已經爲了拯救許多被賣入火坑的原住民少女，辦了護士學校，供吃供住、免一切學費，訓練她們謀生的一技之長，讓她們可與平地人一樣受教育，走正當人生道路。後來她們逐漸已屆適婚年齡，您又關懷她們的婚姻之路，又在您辦的學校及事業機構找來了一批批原住民少男，經過台塑企業文化的磨鍊與培育，然後讓這些原住民青年男女結爲連理，不但讓他們眞眞正正的脫離世代的貧困悲慘的命運，並爲他們的後世代人生奠定了光明的幸福生活。您做了這許多的積功積業積德的社會公益卻毫不矯情，也沒有對外大聲嚷嚷以善士自居，請教誨指點我們這些凡夫俗子吧！您的平凡卻是出奇的偉大。

另有一事更讓晚輩難以忘懷。在〇二年晚輩之父親過世，您未考慮您自身的年歲已大，不適合在儀式中久站，毫不猶豫地爲了滿足晚輩的虛榮之心，您一口答應了擔任治喪委員會的主任委員，在典禮會場您從頭參加到典禮結束，在您帶領全體治喪委員公祭時，晚輩看到您勉強支撐的身體搖搖晃晃地站在最前面，卻不要任何的牽扶，且堅持將祭文用您那濃濃的台語鄉土口音一句一句逐字唸完，您可知您的恩德歷目在心，每憶及此總會感念您爲鼓勵後進所佈施的無私奉獻。尤有甚者，非親眼所見將難以相信的事實是在家父喪禮中的祭悼文，以您是主任委員之尊且公務繁忙，實不需親自撰寫，可是我親眼在您的辦公室中看到您不但一字一字地琢磨及修改，並逐句的練習在喪禮中的悼誦。您的認眞處事，對晚輩的眞心提攜，對承諾的自我實踐，就像太陽光芒無私地照耀著大地，讓所有的萬物成長茁壯。

晚輩永遠記得！犬子守正結婚您送給年輕一輩的人生座右銘就是「信用」兩字，晚輩至今仍無時無刻謹記並遵循這兩字，作爲我們做人及治家的人生格言。這個寶貴的資產晚輩今生今世將不知如何回報，只能在此紀念您的時刻來向您報告，我會以這句座右銘做爲人生的目標，不能辜負您對後生晚輩的諄諄善導，謝謝您恩師（如果我有資格如此稱呼您！），天佑吾師精神永存不朽，天佑吾師典範日月同輝。

晚輩 郭台銘 叩書

于二〇〇九年十月五日飛航途中

專文導讀

一個「領導始於理念」的眞實典範

許士軍

在臺灣，王永慶和他所一手創建的台塑企業，已成爲家喻戶曉的大企業家，經營之神和成功企業的象徵。即使他的經營觀念，如本書作者郭泰先生所列出的，諸如「勤勞樸實」、「瘦鵝理論」、「追根究柢」等十七項，也成爲社會上人人皆知的台塑管理訣竅。這些理念有別於一般學院中所主張的管理名詞和理論，如作者所稱，十分樸拙和鄉土，然而王永慶先生就是終生不渝貫徹這些理念以打造台塑企業。整個來說，本書作者所致力者，就是要把這種過程和道理剖析出來，嘉惠讀者。

如果說臺灣在過去五十年間曾創造了世人所豔稱的「臺灣經濟奇蹟」，那麼王永慶先生自一九五四年創業白手起家開始，以不到二十年時間，擘建了台塑集團這一企業王國，並一直保持臺灣集團企業之首的地位，也算是奇蹟中的奇蹟。我們探究台塑成功之道，不但對於認識臺灣產業發展歷程有其價值，更進一步對於建立華人經營理論，也會有重大啓發。無可置疑的，台塑企業之成功關鍵因素，絕非在於傳統生產要素，如勞力、土地、資本，甚至技術和設備所能解釋，而在於其創業者王永慶先生的經營理念，這也是本書所要探究的主軸。

設定方向和注入精神價值

本書主旨——領導始於理念——應該是一個普世的認識。學者諾爾．提區（Noel M. Tichy）即曾說過，「成功的組織，沒有不是締造於某種清晰的理念之上的」如他深入研究奇異公司的不凡成就，即發現這家公司即以其領導者傑克．威爾許（Jack Welch）的理念爲組織每一成員設定一種自我超越的方向，也成功地將他的理念注入組織所採取的策略、結構及執行中，賦予精神和價值。

同樣地，凡是與台塑集團有接觸和交往經驗的人都感受到，在這企業內員工的言行舉止有一種來自王永慶先生理念的企業文化。不說別的，凡是去過麥寮六輕現場的人，只要看到那一大片廣達三十二平方公里由塡海而建的廠房，就可感到這種精神力量的威力；如果沒有這種文化力量，這一移山倒海的壯舉恐怕是不可能做到的。

坊間大量討論王永慶先生經營理念的書，往往給人們一個直覺印象，好像他只靠這些理念就可以成就他的事業。事實上，在理念與成就之間存在有極大鴻溝；換句話說，也許有許多人也持有相同的理念，但卻未能落實在他的行爲和事業上並獲致成就。

理念有賴勇氣和毅力的支持

理念所以能產生力量和作用，其間過程，一方面靠著王永慶先生在個人行爲上加以貫徹，另一方面是經由這種理念對於組織產生巨大的影響。

先就個人而言，王永慶先生身爲一個創業家和最高領導者，在他幾十年的奮鬥中，進行鉅額投資，擴大規模，進入新的產業領域，進軍海外和大陸，都並非一帆風順、水到渠成，而是歷經各種困難和險阻，其中包括有無數不可知的風險和挑戰，如果沒有極大勇氣和毅力以支持他的理念，恐怕即使有理念也是徒然。

就以六輕案之最後得以在麥寮實現這一案例而言。據知，早在一九七三年，公司即首先向政府提出由民間興建輕油裂解工廠之建議，然而這一計畫屢遭否決。令人敬佩的是，就是靠了王永慶先生基於他對於臺灣石化產業發展前途之關切，鍥而不捨地前後不斷爭取和調整，終在十三年以後，到一九八六年才獲定案，其後又經過五年才在麥寮現址興建。在這前後長達十八年之久——有如傳說中王寶釧苦守寒窯一樣漫長歲月——的打擊和挫折中，除非一個人對理念有極強烈的堅持和決心，恐怕早已放棄了。

再說，理念對於組織的影響。王永慶先生所締建的台塑企業集團並非侷限於臺灣，而是分布在廣大的東南亞、美洲和中國大陸，橫跨石化、醫療、教育、運輸、健康、生技、光電各種領域，並且包括不同種族、語言文化等多達好幾十萬員工。最爲難能可貴的，王永慶先生在這麼多樣而複雜的人心中能夠啓動一種所謂「切身感」的心理作用，讓人們發揮出內心的潛力並聚焦，造成一股無比的力量，一反大企業內經常出現的那種「天高皇帝遠」的渙散心態。說眞的，一位創業者能將他所信仰的理念轉變爲整個組織文化，可說是一件十分不容易達成的境界。

「審時度勢」的睿智

事實上，理念之能實現，也不能只靠個人的信心和堅持，還必須配合外界環境和形勢，加以調整和因應，甚至要等待時機到來，這又是另外一層的考驗。在這方面，近幾年來，大陸社會對於王永慶先生也甚爲崇敬和仰慕，細讀他們的報導和評論的文字中，最常出現的一個說法，就是王永慶先生的成功要素包括有「審時度勢」的睿智。在此所謂的「時」和「勢」是多方面的，涉及社會、經濟、產業、科技，尤其是政治方面。基本上，王永慶先生是不介入政治立場和活動的。然而以台塑企業在臺灣島內、海峽兩岸、甚至國際石化產業上的分量，舉足輕重，台塑所採取的投資動向往往牽動到當時的政治情勢、意識型態與利害衝突。他當然要審度這些外在複雜而難以捉摸的環境因素，採取適當的因應對策和做法。一般而言，對於王永慶先生在這一層次如何權衡和把握，往往不是外人所能理解的，但是我們可想像到其中的艱辛和智慧。

君子務本，本立而道生

細思王永慶先生的經營理念，幾乎都是一些做人的基本道理；相信他就是從這根源上去體會人性與相處之道，然後應用在事業經營上。所謂「君子務本，本立而道生」，這也說明了何以他的理念是十分樸直而貼近眞實的道理。

在此必須指出者，在東方社會中，一個人能將他的理念貫徹實現，一般和他是創業者的身分有關；做爲一位創業者，事業就是他的生命。相形之下，如果是一般經理人，如「代理理論」（agency theory）所描述，以一種「代理人」的角色來經營事業，往往會受到本身個人利害或顧忌的干擾，以至於偏離了經營企業的本質。我們經常會發現，這涉及近代企業所有權和經營權分離後所產生的「統理」制度的基本問題，從王永慶先生領導台塑的事例中再次顯現，値得我們深思。

（本文作者爲元智大學講座教授暨校聘教授）

推薦文

務本的經營哲理

吳壽山

三年多前，台塑企業痛失　董座。這三年來，臺灣經驗也受到爲順應世界時勢變遷，而激起了前所未有的創新挑戰與機會，諸如歐債應變、政局動盪、民主衝擊與中國崛起等。此時回顧王永慶先生的經營理念，仍會是波瀾漣漪中的碁石。

「做爲一個人，何爲正確？」是日本航空公司稻盛和夫先生的名言。他強調企業經營理念正確性的必要，而欲有效落實經理工作的背後更繫於組織與員工合一的切身感。做正確該做的事，也要及於用心的投入，更可突顯以「合理化」準繩來拿捏用心的哲學。因此，經營需要的哲學理念，實是務本的精神，郭泰所撰本書，又一次適時展現它的價値！

展閱十七章，有如一學期十七堂課。章名實是關鍵詞，成爲哲理的開始，也引註來自王永慶先生所撰二百八十二篇以上文章中的精石美言，串成不少震憾的故事。本書能將臺灣經驗與企業發展結合，具有史觀價値。而王永慶先生順勢傳承的歷史文化與經濟主張，更躍然於紙上，見證五十年文化變遷與經營管理哲學的點滴，這本書該是作者潛心慧彙的集書，也或許是　董座擬傳述的一部分，更述及企業公共財議題的哲理故事，成就一代的體悟，對推動證券期貨市場的健全發展與公司治理，俾益至大，慨然爲之序。

（本文作者爲（財）中華民國證券暨期貨市場發展基金會董事長）

推薦文

什麼人做什麼事

周放生

我曾先後兩次隨大陸中石化集團公司赴台塑考察學習，對王永慶老先生所創建的台塑企業管理體系產生了濃厚的研究興趣。王永慶老先生所創辦的台塑是中國人自己管理出來的世界一流企業，是中華民族的驕傲，也是我們學習國際先進管理經驗的捷徑。

郭泰先生研究王永慶及台塑管理近三十年，本書是其集研究王永慶之大成的最新力作。本書文字清晰、淺顯易讀，通過講述王永慶老先生日常生活中的點滴故事，解讀了老先生的十七項經營理念，從而構成了台塑的管理體系。透過這些浸潤在十七項經營理念中點點滴滴和言傳身教，我們不僅可以看出王永慶老先生是什麼樣的人？有什麼樣的價值觀？有著怎樣的道德風範？還深刻理解了一句話「什麼人做什麼事」。

在台塑考察期間，有尊雕像給我的印象極深。那是一個正在田間辛勤耕作的婦女，後面有四個大字「勤勞樸實」。這是王老先生母親的雕像，「勤勞樸實」是王老夫人一生的寫照，也是王永慶老先生骨子裡最本質的東西。台塑管理的核心理念就是「勤勞樸實」，「刻苦耐勞、追根究柢、止於至善、共存共榮、共生共贏、回報社會、永續經營」這些都是以此爲發端的延續。

老先生曾說過他「勤勞樸實」的理念，源自小時候母親對他的言傳身教，而母親的教誨影響了他一輩子。在郭泰先生這本書就講了這麼一個故事：八十六歲高齡的王永慶老先生搭乘華航赴美時乘坐的是經濟艙。這樣的選擇讓華航服務人員很是驚訝，最後服務人員執意幫他升到了頭等艙安坐。此後，老先生出行才坐了頭等艙，因爲他覺得不能老占別人便宜。

「什麼人做什麼事」，人拚到最後，拚的就是骨子裡的那點兒東西。在郭泰先生這本書裡講述的王永慶老先生十七個方面經營理念的形成，都和這個故事一樣，是骨子裡的東西使然。

企業文化是企業軟實力的源泉，企業創辦人的理念就是企業文化的源泉。有什麼樣的創辦人，就有什麼樣的企業文化。創辦人骨子裡有什麼，企業文化就是他的體現。這是我看過郭泰先生這本書的感受，是一般經濟學著作中難以體會到的。理念是企業之魂，好的理念基礎才能產生好的管理，這是成功企業的本源。

對王永慶老先生經營理念感興趣的朋友，不妨讀一讀。

二〇一二年八月三十日於北京

（本文作者爲大陸企業管理專家）

目錄

自序
王永慶的經營理念與台塑的軟實力

研究王永慶三十年，我終於參透其博大精深的經營理念。

從一九八一年開始我雖然陸陸續續寫了好幾本有關王永慶先生的書籍，但總覺得沒能領悟其全盤的經營理念，一直到了二〇一〇年一月，有緣參加了長庚大學管理學院所舉辦的「台塑管理實務講座」之後，情況才完全改觀。

雖然講座的課程只有短短的兩天一夜，但因爲授課老師都是一時之選，分別爲長庚大學管理學院的知名教授與台塑總管理處的高階主管，促使自己茅塞頓開，一夕之間融會貫通，那就像一個求道的人，歷經三十年的苦心鑽研仍未參透，後來有緣遇到高僧的指點，瞬間心領神會，即刻頓悟。

課程結束之後的當晚，我立刻列舉了十六項王永慶經營理念，亦即：勤勞樸實、瘦鵝理論、節約儉樸、追根究柢、務本精神、基層做起、實力主義、切身感、重視細節、事事合理化、客戶至上、人才管理、建立制度、徹底執行、管理電腦化、止於至善等十六項，以之就教於當時的長庚大學管理學院院長吳壽山，他當場加上「奉獻社會」，總共變成十七項，而這十七項就變成了本書的十七章。

王永慶這十七項經營理念看似各自獨立，卻又環環相扣，孕育出一個非常獨特的中國式的台塑企業文化，我舉三個地方來佐證：

一、樸拙的台塑人

台塑人常給人一種「樸拙」的感覺，都像是從一個模子印出來的，勤快、保守、木訥、認眞，吃苦耐勞、本本分分、實實在在，甚至有人戲稱台塑人血管裡流的不是血液，而是PVC。台塑人此種特有的人格特質源自王永慶經營理念中的勤勞樸實、瘦鵝理論中的刻苦耐勞，及人才管理中的基層輪班訓練。

二、格物窮理

格物窮理出自《大學》，意思是：探究事事物物最根源之理，這是王永慶的思想精髓，也是他經營台塑五十五的祕密武器。王永慶經營理念中的追根究柢、務本精神、基層做起、重視細節等全部源自他「格物窮理」的中心思想。

三、低成本策略

王永慶堅信，只有建立在價廉物美的基礎上，企業才能蓬勃發展。因此他對「提高品質，降低成本」不遺餘力，透過不斷地改良設計，使產品更精良；經過不斷地鑽研努力，使成本更低廉。王永慶經營理念中的節約儉樸、切身感、事事合理化等全都爲了遂行其「低成本策略」。

大家千萬別小看這十七項經營理念，它們是台塑的軟實力，也是台塑致勝的利器。

我舉一個實例來證明經營理念的重要。有一次南亞塑膠的產品爲了外銷日本，向日本政府申請日本工業規格，於是日本通產省派員到南亞審核，不料到廠之後他們不是審核南亞的產品，而是深入瞭解其經營者的經營理念。日本通產省認定經營理念是產品的根源，才是關鍵；他們不看有形的產品，專注於無形的軟實力。經過一番瞭解之後，審核就順利通過。

軟實力（Soft Power）出自美國哈佛大學教授約瑟夫．奈依（Joseph S. Nye），有別於用軍事與經濟力量收服他國的硬實力（Hard Power），指的是運用文化、價值觀、意識形態、國際規則、政治議題等去收服他國的一種力量。引申到經營管理上，軟實力乃是企業文化、企業價值、企業制度、管理哲學等的綜合體，它看不見、摸不著、更聞不到，卻非常有力量。

最能展現台塑軟實力者，莫過於一九八一年至一九八三年間，台塑在美國收購三家石化工廠的事情。

台塑於一九八一年在美國路易斯安那州向英國卜內門公司（ICI）買下一家VCM廠；一九八二年，台塑在美國德拉瓦州向 Stauffer Chemical 買下一個乳化式PVC粉工廠；一九八三年，台塑在美國向

Johns Manville 買下散布在各州的八個塑膠管工廠，並改名爲ＪＭ公司。上述三家公司在台塑買下之前均虧損累累，台塑買進之後，短者一、兩年，長者十五年，全部轉虧爲盈。

爲什麼像ＩＣＩ、Stauffer Chemical、Johns Manville 等知名企業下經營虧損的公司，換到台塑手中就先後能脫胎換骨，轉虧爲盈呢？當然是王永慶的經營理念移植過來，其軟實力發揮了功效之故。

與筆者同樣對台塑軟實力有如此深刻體悟的，就是曾經分別於二〇〇九年二月與八月赴台塑考察，並曾兩度參加「台塑管理實務講座」的大陸知名財經專家周放生。[1]

周放生與大陸中石化[2]的高層一行四十人在二〇〇九年考察之前，雖然耳聞台塑經營卓越，然而他們心中有一個相同的疑問：我們中石化也經營得很不錯，台塑眞的有傳聞中說得那麼神勇嗎？

結果在考察結束之後，一行人一致用「震撼」與「汗顏」這四個字來形容大家的感受，並且公認台塑已經做到下列四個國際一流：

一、設備一流：這一點比較容易做到，因爲只要有錢去買全世界最好的設備，再加上堅強的組裝與調適能力，一般好企業均可達成。

二、產品一流：擁有一流的設備之後，必須有良好的製程與管理能力，才能生產出一流的產品，這一點台塑也做到了。

三、管理一流：台塑的各項管理均已達到國際一流的水準。❸

四、成本一流：這是台塑的核心競爭力，他們能夠做到全世界相同規模、同樣產品之中成本最低。

除了上述四點之外，令周放生印象最深刻的是王永慶的經營理念。

周放生強調，經營理念乃是企業之魂，優秀的經營理念才能產生良好

---

❶周放生先生具備二十年企業實務經驗，並長期擔任企業改革與管理工作，他在二〇〇九年考察台塑時，擔任中華人民共和國國務院國資委改革局副局長。

❷中石化即大陸的中國石油化工股份有限公司，在世界五百大中排名第九，在大陸屬管理一流的優良企業。

❸不過根據近幾年發生的事件看來，此點有待商榷，例如從二〇一〇年七月至二〇一一年八月間，台塑連續發生七次工安意外的大火，管理似乎有鬆懈的跡象。

的經營管理。歷經五十五年的發展過程中，台塑逐步形成了獨特的企業文化，從「勤勞樸實，刻苦耐勞」到「追根究柢，止於至善」，再到和下游客戶「共存共榮，共生共贏」與「回報社會，永續經營」，其經營理念既有階段性又有連續性，既有現實性又有前瞻性，培育了台塑員工強烈的「切身感」，養成了台塑人「用心經營，認眞負責」的習慣和風格。❹

周放生的這一段話，正好對本書所列舉的十七項王永慶經營理念做了一個十分貼切與精要的說明。

最後藉由自序的一角，深深感謝安排我參加「台塑管理實務講座」的王榮文兄，與長庚大學管理學院前院長吳壽山。

郭泰

二〇一二年六月二十八日於加拿大北溫哥華

❹曹惺璧，二〇一〇年出版之第三期《中國石油石化》。

第一章

勤勞樸實

「勤勞樸實」就是勤快奮勉、盡心盡力、腳踏實地、實實在在地做人做事。這不但是王永慶經營台塑最重要的經營理念，也是他一手創辦的明志科技大學、長庚大學、長庚技術學院等三所學校的校訓。

王永慶的第一個經營理念是「勤勞樸實」，也就是勤快奮勉、盡心盡力、腳踏實地、實實在在地做人做事。

「勤勞樸實」不但是王永慶經營台塑最重要的經營理念，也是他一手創辦的明志科技大學、長庚大學、長庚技術學院等三所學校的校訓。他自己年輕時，曾經以這四個字開米店創業成功。

送米到府服務

西元一九三二年，也就是王永慶十六歲的那一年，以他父親四處張羅來的兩百元做本錢，在嘉義開了一家名叫「文益」的米店。剛開始生意很差，因爲每戶人家都已有固定的米店供應。王永慶只得地毯式挨家挨戶努力推銷，說破了嘴，好不容易才有幾戶人家願意試用。

於是，王永慶本著「勤勞樸實」的精神，在米的品質、服務以及收款等三方面努力去改善。

那個時候臺灣農村還很落後，稻穀在收割之後，都會先舖在馬路上利用陽光曬乾，然後再將稻穀送到碾米廠碾成米。因爲有上述的過程，碾成的米堆裡一定會有米糠、砂粒以及小石子等雜物。由於這種現象由來已久，不但賣米的人忽略了，就連買米的人也是見怪不怪，不太在意。

王永慶看出米的品質太差了，於是，他把從碾米廠買進的每包米打開來，仔細將米糠、砂粒、小石子等雜物統統撿拾乾淨之後，再將米賣給顧客。（這是品質管理）

此外，當時電話很不普遍，一般家庭根本無法以電話向米店叫米。買米一定要走到街上的米店去買，就顧客來說很不方便，而且稍不留意，往往就在要煮飯時才發現米不夠了。就米店而言，呆坐在店裡等顧客上門才有生意做，完全是被動的。

王永慶深入瞭解米的買賣過程之後，很快想出一套「化被動爲主動」的服務方式。

當顧客上門買米時，他就提出一個要求：「您要買的米，我幫您送到家裡好嗎？」

「當然好啊！」

米那麼重，有人願意幫你扛回家，那是求之不得的事。（這是推銷學中的售後服務）

等到王永慶把米送到顧客的家裡之後，自然要把米倒入顧客的米缸中。這時他就掏出一本小小的筆記簿，記下這戶人家的米缸容量。（這是客戶管理）

然後，他會向顧客說：「下一次，您不用那麼麻煩到我們店裡來買米了。」

顧客大吃一驚道：「爲什麼？」

「您家的米快吃完的時候，我會主動把您需要的米送到府上來。」（這是推銷學中的主動出擊）

那時臺灣的生活水準很低，不像現代的人講究飲食均衡，所以，家家戶戶米的消耗量很大。一戶十口的家庭，每個月大約需要二十公斤米，五口家庭則爲十公斤。王永慶就按照這個比例訂定標準。舉例來說，假設一戶十口的家庭一次向他叫了二十公斤的米，大約過了一個月之後，他就主動與這戶人家聯絡，經確認之後再敲定送米的數量與時間。（這是存貨管

理）

這麼一來，這家顧客不但可以確保無斷米之虞，他也可以確保顧客不會因爲斷了米而臨時轉向其他米店買米。

此外，他還會做一些額外的服務。譬如說，送米到顧客家時，把米缸中剩餘的舊米掏出來，把米缸擦拭乾淨，再把新米放在下層，舊米放在上層。這麼一來，舊米就會先吃掉，避免置放時間太久而長出米蟲。（這也是售後服務）

收款的藝術

米賣出之後，接著收錢也得動腦筋。

當時買賣不像現在，一手送貨、一手收錢，全都是賒帳。那麼，什麼時間去收錢對顧客最方便呢？對於大多數受薪階級而言，當然是發薪日，所以，王永慶把全部顧客分門別類，用筆記簿一一記下他們的發薪日。等顧客領到薪水口袋有錢時，他再去收款。（這是應收帳款管理）

舉例來說，當時服務於鐵道部（即現今鐵路局）的顧客每月二十一日領薪水。他就在當天晚上或二十二日前去收款，隔太多天一旦錢花光就難收了。因爲這些顧客都住在鐵道部宿舍，比鄰而居，所以收款既方便又省時，同時顧客對這個時間收錢也都非常配合。

王永慶經營米店，在品質、服務、收款等三方面用心、勤奮的做法大受顧客的歡迎。大家都說他賣的米品質最好、服務周到、信用第一，於是一傳十、十傳百，生意愈做愈好。剛開業時，一包十二斗（約七公斤）的米一天都賣不掉；一、兩年之後，一天可以賣出十幾包米，營業額成長了十幾倍，僅僅開業兩年，憑藉「勤勞樸實」就得以創業成功。

勤奮造就經濟成長

從米店開始，接下來的磚窯廠與木材廠，一直到塑膠廠、紡織廠、煉油廠，「勤勞樸實」成爲他最重要的座右銘，他曾多次公開表示，臺灣今日之經濟成就，勤奮勞工的貢獻最大。

根據王永慶的分析，**一個國家經濟的繁榮與工業的發展，主要來自三個條件：一是民族的勤勞程度，二是財經政策有方，三是天然資源豐富。**

我們針對此三項條件做一比較。東南亞一帶的國家天然資源豐富，占有第三項，但因一、二項不如先進國家，因而落伍；美國過去兩百多年來似乎得天獨厚，三項條件俱全，所以有今天的繁榮；英國缺乏第三項，二次大戰之前擁有許多殖民地，彌補其國內資源之不足，那時英國是富裕國家，如今因缺乏第三項，又因優裕成性，故一日不如一日。

王永慶說：「臺灣缺乏第三項，但我們占有第一項，民族的勤勞程度爲世界之冠，所以才有今日的發展。目前我們還只是開發中的國家，要如何埋頭苦幹、急起直追、趕上先進國家，是我們今後的主要課題。」❶

他認爲日本是最值得臺灣追趕的對象。日本與臺灣一樣，都沒有天然資源，民族的勤勞程度相當，如今日本經濟繁榮的情況，早攀躋已開發國

---

❶一九七三年二月九日，王永慶在財政部稽核組以「乏味的基礎工作決定企業的成敗」為題演講之講詞。

家之中，而臺灣卻仍然處於開發中國家之列。因此，以日本為學習與追趕的對象，乃是當務之急。

妙的是，王永慶繼米店之後開設的碾米廠，曾經以勤勞樸實擊敗了諸多條件都比他優越的日本人所開設的碾米廠。

勤勞樸實好處多多

王永慶在一九三二年、也就是米店創業成功之後，累積了許多固定客戶，於是買了一些碾米設備，由米店擴大為碾米廠。

那時，在他碾米廠隔壁約五十公尺處，有一家由日本人福島正夫經營的碾米廠，規模比王永慶大三倍。當時在日本政府的殖民政策之下，日本人和臺灣人經營碾米廠，不論在規模、資金與固定日本客戶等方面，均有懸殊的差別待遇。

雖然日本人的種種條件比王永慶好，但他並不服輸，下決心要贏過福島正夫。既然條件比別人差，只有在「勤勞樸實」下工夫。

福島正夫的碾米廠每天從上午八點開工，到下午六點就停工休息了；王永慶的碾米廠雖然也是每天上午八點開工，可是他做到晚上十點半才停工休息，每天比日本人多做四個半小時。

碾米廠內粉屑飛揚，一天下來全身灰頭土臉，一定要洗頭洗澡，當時在福島正夫與王永慶隔壁有一家澡堂，洗一次三分錢。福島正夫每天花三分錢洗熱水澡，王永慶則省下三分錢，用屋外水龍頭洗冷水澡，即使在寒冷的冬天也不例外。王永慶認爲，每天省下三分錢，就相當於多賣出三斗米。

結果七、八年營業額結算下來，在嘉義的十二家碾米廠之中，王永慶排名第三，福島正夫排名第四。**王永慶碾米廠的規模只有福島的三分之一，然而營業額卻超過福島，這完全是拜「勤勞樸實」之功。**

勤勞樸實固然好處多多，但這種習慣必須在年幼時就養成，否則一旦到了成年之後就扭轉不過來了。

王永慶有一個從美國回來、家境富裕的朋友，他勤勞樸實，生活簡單。「一般有錢人家生活都比較講究，你爲什麼如此簡單樸實呢？」王永慶好奇問道。

「這完全是受小時候私塾老師的影響。」

「私塾老師？」

「是啊！我六歲時大部分的時間都跟私塾老師在一起，老師管教嚴格，一舉一動循規蹈矩，吃穿要求簡單樸素，不似家裡那般享受，當時感覺痛苦與怨恨，長大之後才知道獲益良多。」[2]

由此可見，勤勞樸實的生活做事習慣，必須在年幼時養成。

基於上述的體認，王永慶針對早年明志工專十五、六歲的學生，都會安排他們到台塑的生產工廠半工半讀。王永慶表示，半工半讀雖然對學校也有幫助，可以節省許多費用，但這還是次要的，最重要的是希望給明志的學生一個勞動的機會，學生因此而養成勤勞樸實的習慣，其收益是難以計算的。

力行五S活動

王永慶在一九五四年創立台塑，一九五八年創立南亞，一九六四年創立台化，爲了在台塑集團內貫徹「勤勞樸實」的理念，他決定在八〇年代聘請工業工程日本專家新鄉重夫到台塑大力推行五S活動。❸

五S來自日本，它是Seiri（整理〔せいり〕）、Seiton（整頓〔せいとん〕）、Seisou（清掃〔せいそう〕）、Seiketsu（清潔〔せいけつ〕）以及Shitsuke（素養〔しつけ〕）這五個日文字的羅馬拼音。五S活動，顧名思義，即要求每位員工在生產線展開以整理、整頓、清掃、清潔、素養等五項爲內容的活動。

五S活動的想法很簡單，沒什麼高深的學問，**僅倡導生產線員工從身邊小事做起，要求每件小事都養成整潔——整齊清潔——的習慣，進而提高**

---

❷同❶。

❸新鄉重夫對工廠品質改進方面經驗豐富，他在台塑除了推行五S活動之外，並且設立了防呆系統，那是藉由設定執行操作的界限，強制完成正確操作的一種方法。

員工的素質與整體生產線的工作品質。以下分別說明這五個S的活動。

◆**整理**，此活動的要點有三：

（一）對生產現場擺放的所有物品進行分類，把現場需要與現場不需要的清楚區分。

（二）把現場不需要的物品，譬如：半成品、廢料、切下之頭尾、屑片、廢品、垃圾以及工人私人用品等，都要徹底清理掉。

（三）工作位置與機器設備的前後左右與裡裡外外、走道前後、工具箱內外、工廠死角都要徹底搜尋和整理。

◆**整頓**，此活動的要點有四：

（一）再次確認現場留下的物品是否都是必需品。

（二）基於取用方便的原則，進行合理化的擺放。

（三）經常使用的物品得放在近處，偶爾使用或不常使用物品可放在稍遠處。

（四）區分不同物品的擺放，應利用顏色管理。

◆**清掃**，此活動的要點有五：

（一）清掃的目標是把工作環境變得乾淨、整潔、明亮、無灰塵、無油汙、無鐵屑、無垃圾。

（二）清楚分配每個人應負責的清掃區域，不可留下無人負責的三不管地帶。

（三）生產線上的工具與設備，必須由現場工作人員親自清掃。

（四）在清掃設備時，切記對機器設備進行保養，譬如潤滑加油，因爲清掃也是一種保養。

（五）在清掃地面時，若發現漏油或漏水，須立即查明原因，採取改善措施。

◆**清潔**，此活動的要點有四：

（一）工作環境不但要整齊，而且要做到清潔。

（二）非但環境與物品得保持清潔，員工本身亦須保持清潔，包括：穿著乾淨衣服、理頭髮、刮鬍鬚、剪指甲、勤洗澡等。

（三）不但要做到身體的清潔，也要做到精神上的清潔，譬如：尊重他人意見、待人彬彬有禮等。

（四）及時消除水汙染、空氣汙染、噪音等。

◆**素養**，此活動之要點有四：

（一）素養就是教養，這是五S活動最重要的部分，整個活動最終的目的就在提高員工的素養。

（二）素養的內涵爲：員工在工作崗位上要嚴格遵守操作規範與規章制度，並且養成良好的生活習慣與工作態度。

（三）素養是五S活動的核心與精髓，若無法因整理、整頓、清掃、清潔等程序而提升員工的素質，各項活動便無法順利展開，即便展開亦無法長久持續下去。

（四）五S活動開始時比較容易，可在短期內看到效果，但持續比較困難，整個活動成敗的關鍵在於能否堅持下去。

勤勞，更要勤於動腦

綜觀王永慶的一生，他都是以「勤勞樸實」的態度追求一切事物的合理化。然而這四個字在不同的時代，基於客觀環境不同的需要，應該有更深入的意旨。

以「勤勞」兩個字來說，除了是指勤快奮勉與盡心盡力的意思之外，指的更是勤於動腦的意思。

王永慶指出，在傳統農村社會中，絕大多數的人日出而作、日落而息，長年辛勤工作才足以維持一家的溫飽，在那時，所謂勤勞自然是指勤於勞力的工作。但處在現代的社會，一方面由於科技發達，許多粗重的體力工作皆由機器取代。另一方面社會組織漸趨複雜，各行業分工日漸精密，處處皆需要運用腦力的智慧，才足以妥善處理各種事物。爲了因應實際需要，所謂勤勞，應該是指勤於運用腦力智慧的力量。❹

舉例來說，有一次，王永慶與一位農業專家談到臺灣農地重劃與農業機械化的政策。專家告訴他，此項農業政策要大力推展，王永慶立刻質疑兩個問題，第一是要實施農地重劃與農耕機械化，必須有相當大的土地面積，臺灣有此條件嗎？第二是即使臺灣有此條件，有什麼農作物適合種植？

先說土地面積的問題。王永慶表示，提倡農耕機械化的目的，不外是爲了提高工作的效率、降低成本，而且可以節省大量的人力，可是必須有合乎經濟單位的土地面積。臺灣的土地面積狹窄，而且土地昂貴（大約是美國的五倍），農耕機械化根本不合算。❺

再談農作物種植問題。王永慶指出，適合機械化耕作的農作物包括：甘蔗、稻米、黃豆、棉花、麥子等等。種植甘蔗製糖，臺灣的成本比進口貴；至於稻米，政府每年得花許多預算以保證價格向農民收購。這樣的話，甘蔗和稻米都不適合在臺灣大量種植。其餘的黃豆、棉花、麥子等，臺灣因爲氣候關係，種植不出來。

這樣動腦稍加分析即可知道，農地重劃及大面積的機械化耕作，在臺灣根本是行不通的。

王永慶說：「我們的農地面積和價格既然是受到這樣的限制，就應該另闢門路，設想出一套適合我們這種小面積的農耕方針，譬如說花卉、水果或者蔬菜等等。」❻

這就是勤於運用腦力所產生的智慧。

樸實，更要實事求是

再以**「樸實」兩個字來說，除了是指節儉樸素、實實在在的意思之外，指的更是實事求是的工作態度。**

王永慶指出，所謂樸實，應該是儉樸的生活習性和實事求是的工作態

---

❹《王永慶談話集第二冊》，二〇〇一年元月十五日《臺灣日報社》出版，頁二四八。

❺王永慶於一九八二年十月四日，在台塑第二期在職人員訓練班開訓時，以「談先苦後甘的道理」為題演講之講詞。

❻同❺。

度。對於企業的經營而言，就是必須以實事求是的態度和追根究柢的精神，透過不斷地檢討改善，點點滴滴謀求管理合理化。❼

舉例來說，有一次，王永慶到嘉義查看南亞硬質管工廠，他驅車到工廠大門口，剛好守衛在一邊過磅、一邊盤點卡車上的硬質管，準備出貨。卡車上的硬質管綁成一捆一捆的，有大有小，有粗有細，有長有短，種類繁雜，守衛忙得不可開交。

「如果你盤點的數量跟交運單上的記載不符時，你要怎麼辦呢？」王永慶問守衛。

「我就叫司機把硬質管全部卸下來，重新再點一次。」守衛答道。

王永慶本著實事求是的態度，研判事實上不可能卸下重新盤點。第一，卸下盤點再裝上車要花許多時間，司機不可能這麼做；第二，守衛也不可能這麼認眞。

因爲有此兩點疑問，王永慶認爲硬質管出貨的正確性有問題，於是立刻交代南亞總經理室幕僚人員與嘉義廠有關單位組成專案小組，從硬質管的領料、生產、包裝、繳庫、交貨、盤點一連串的制度、表單、作業過程全部仔細檢討。

經過一個半月的全廠總動員，雖然盤點存貨出入不大，但王永慶仍認爲眞相未大白，於是他又指示總管理處總經理室重新檢討一次，又花費了一個半月的時間，幸虧結果跟第一次差不多而結案。❽

經過這一次的追根究柢、徹底檢討，不但工廠的管理得到改善，而且關係企業內其他工廠聞風自動進行檢討，也都收到改善的效果。

這就是實事求是的工作態度。

最後，筆者要以一個小故事和王永慶的一句話作爲本章的總結。

有一次，台塑的一位主管去洗頭，一時匆忙忘記叫理髮師不要抹髮雕，結果洗完頭走進辦公室，立刻發現新穎的髮型與辦公室整體的氣氛極不協調，於是他連忙又去洗了一次頭，這就是台塑的企業文化：樸實。

王永慶說：「人一旦勤勞，做事就會有把握，不必虛僞，或者自我誇

❼摘錄自台塑關係企業網站中之〈創辦人的話〉。

❽取材自伍朝煌撰寫之「從台塑管理模式談國內企業在管理上所面臨之問題與應有的做法」一文，發表於一九八五年三月十六日。

張；同時，只要能夠勤勞，自然就會樸實，並不需要任何的勉強。」❾

❾同❼。

第二章

瘦鵝理論

飼養瘦鵝的寶貴經驗，讓王永慶深深體悟到，要像瘦鵝一樣具有強韌的生命力，才能夠長期忍受折磨，度過重重難關生存下來。

瘦鵝的啓示

鵝是臺灣最常見的家禽之一，台塑創辦人王永慶因爲養鵝的經驗發展出一套獨特的「瘦鵝理論」，這套理論也是他的第二個經營理念。

一九四一年前後，臺灣農村幾乎家家戶戶都飼養雞、鴨、鵝等家禽，並用吃剩的食物和雜糧來餵養。因爲第二次世界大戰的緣故（當時臺灣為日本的殖民地），物資極端匱乏，鄉村也嚴重缺糧，人都吃不飽了，當然也沒有剩餘食物和雜糧可飼養家禽，只好讓牠們在野外覓食，吃野菜和野草。

一般說來，農村飼養的鵝，在正常餵食下，大約四個月就有五、六公斤重；可是，當時一般人家飼養的鵝，由於只吃野菜和野草，四個月下來，瘦得皮包骨，每隻都只有兩斤重。

看到這些瘦弱不堪、價值偏低的鵝群，王永慶心中盤算著：「兩斤重的鵝可說毫無用處，假如我能動腦設法找到鵝飼料的話，養鵝的難題必定迎刃而解。」

根據他的觀察與分析，當時農村採收高麗菜後，都把菜根和外面一兩層的粗葉丟棄在菜園裡，而這些被丟棄的菜根和粗葉正是鵝的飼料，可是一般人並沒有察覺到。

於是王永慶雇人到四處的菜園撿回菜根和粗葉，再向「共精共販」❶的統一碾米廠買回廉價的碎米和稻穀。把菜根和粗葉切碎，混合碎米與稻穀，製成絕佳的鵝飼料。

接著，王永慶到處向農家搜購瘦鵝，農家見到養不肥大的瘦鵝竟有人搜購，正是求之不得。王永慶把四處搜購來的瘦鵝集中起來，並用自製的飼料餵食。瘦鵝飽受飢餓的折磨，看到食物就拚命吞食，一直到喉嚨塞滿了飼料才暫時停下來；幾個小時之後，等胃裡的食物消化完畢，立刻又狼吞虎嚥一番。

每天如此周而復始，原本只有兩斤重的瘦鵝，經過王永慶兩個月的飼

❶「共精共販」是臺灣日治時代對碾米廠產銷採取的一種控制的制度。把稻米集中在一、二家碾米廠碾米，然後各家碾米廠再按過去的營業額比率分配銷售。

養之後，重量高達七、八斤，非常肥大。究其緣故，因爲瘦鵝具有強韌的生命力，不但胃口奇佳，而且消化力特強，所以只要有食物吃，立刻就會變得又肥又大。

這一段飼養瘦鵝的寶貴經驗，讓王永慶深深體悟到，在日本人統治下居住於臺灣的中國人，也要像瘦鵝一樣具有強韌的生命力，才能夠長期忍受折磨，度過重重難關生存下來。

「瘦鵝理論」的意涵

王永慶並且逐漸發展出一套運用在為人處世與經營管理的「瘦鵝理論」，這套理論包括了下列三個意涵。

一、要學習瘦鵝忍耐飢餓、刻苦耐勞的精神

一九七五年元月九日，王永慶接受美國聖若望大學贈授榮譽博士學位的典禮上，說了一段發人深省的話。

他說：「我幼時無力進學，長大時必須做工謀生，也沒有機會接受正式教育，像我這樣一個身無專長的人，永遠感覺只有刻苦耐勞才能補其不足。

「而且，出身在一個近乎赤貧的環境中，如果不能刻苦耐勞，簡直無法生存下去。直到今天，我還常常想到由於生活中受過的煎熬，才產生了我克服困難的精神和勇氣，幼年生活的困苦，也許是上帝對我的賜福。」❷

從這一段話裡，我們可以知道，刻苦耐勞不但是王永慶的座右銘，也是促使他成功的主要動力。事實上，世界上每個人的聰明才智都相差無幾，可是為何有人成功、有人失敗呢？關鍵之一就在能否刻苦耐勞而已；天底下絕對沒有舒舒服服就會有成就的事，凡事都有前因後果，下了苦工夫才會有好結果。

人人都在追求舒適與快樂，可是都忽略了追求舒適與快樂一定要付出代價。例如，如果一整個星期都很努力工作，遇到星期天休息，一定覺得

❷馬克任，〈王永慶獲贈榮譽博士觀禮記〉，一九七五年一月二十一日《經濟日報》第十二版。

很舒服；相反地，如果整個星期本來就無所事事，星期天再休息，恐怕不但不覺得舒服，反而覺得很無聊。再例如吃東西，偶爾吃一頓大餐，會覺得是一種享受；如果天天吃大餐，非但不是享受，反而是受罪。

王永慶強調說：「追求舒適與快樂的代價，就是刻苦耐勞。」❸

他又指出，時下的年輕人大都希望做有意義而又容易的工作。其實，容易做的工作是不會有多大意義的。所以，年輕人不要怕困難，只要下決心去做，任何傷腦筋的事終必克服，任何乏味的工作也會苦盡甘來。❹

王永慶舉例說明吃苦的好處。譬如外行人去參觀別人的工廠，不是得其皮毛就是一無所得。但若是自己辛辛苦苦去鑽研一件新產品，僅欠缺一點訣竅，在窮究之餘參觀別人的工廠，一眼看到，心領神會，完全吸收，這樣才會有所得。就像求道的人，要嘗盡苦頭，求得那份慧心，才能夠悟道。❺

再譬如去聽專家演講，任何問題若不先經過自己努力去研究分析，就很難有深刻的瞭解，在自己沒有深刻的瞭解之前，也很難從別人的演講當中去掌握講詞的精華所在，進而消化吸收，變成自己有用的知識。

王永慶說：「天下的事情，沒有輕輕鬆鬆、舒舒服服讓你能獲得的，凡事一定要經過苦心地追求、經驗，才能眞正明瞭其中的奧妙而有所收穫。」❻

王永慶不是教徒，卻說了一段頗富宗教哲理的話。他說：「神創造人，畢竟是很公平的，道理只有一個，那就是人必須先苦而後才有甘。天下事都是要經過相當辛苦才可以得到的，這個道理很淺，卻很難實踐，這是一般人的毛病。」❼

目前許多剛從學校畢業的年輕人，胸懷大志，自信滿滿，也勤奮努力，可是由於急功近利，結果大都失敗了。大家都知道，羅馬不是一天造成的，所以年輕人不論就業或創業，千萬不可操之過急，成功絕非一蹴可

---

❸郭泰，《智囊一〇〇》，一九八八年一月十六日出版，頁七五。

❹王永慶於一九七二年四月二十五日，應台南成功大學工學院之邀的演講。

❺王永慶於一九七一年九月十一日，在第三期新進幹部職前訓練結訓時的演講。

❻王永慶於一九八二年十二月十二日，在明志工專中區校友會中的談話。

❼王永慶於一九七九年對明志工專第十一屆畢業生的談話。

幾，一定要有先苦後甘的體認，學習瘦鵝忍耐飢餓、刻苦耐勞的精神，按部就班一步一步來，才會有成就。

王永慶說：「我常常喜歡以『瘦鵝理論』來形容臺灣今天種種成就的由來。光復初期，臺灣老百姓生活處境極爲艱苦，爲了求得生存，所以充分發揮了中國人刻苦耐勞的傳統美德，終於能夠突破重重困境，謀得成就。」❽

二、學習瘦鵝面對困境時的堅毅態度，等待機會到來

任何人在走霉運時，要學習瘦鵝一樣忍耐飢餓，鍛鍊自己的忍耐力，培養毅力，等待機會到來。只要餓不死，一旦機會到來，就會像瘦鵝一般，迅速地強壯肥大起來。

王永慶指出，中華民族具有傳統勤勞美德，以及非常強韌的耐力，長久以來如同飢餓的瘦鵝一般，忍受著極端艱苦的日子，可是一旦有了食物，就可以很快恢復體魄力量。

他說：「中國人就像瘦鵝，餓不死，也不會生病，一有機會，馬上起

來，快得不得了。」[9]

他又說：「人在困苦當中，往往會養成一種堅毅力，只要遇到適當的機會，有了環境的條件可以配合，成長就會很快，甚至超越一般人。」[10]

王永慶更以「瘦鵝理論」來說明，爲何中國大陸在短短數年之內各方面都有驚人的發展。他表示，鵝隻過去由於極端缺乏食物，所以瘦弱不堪，但是因爲具有強韌的生命力，所以一旦有了足夠食物，很快就能夠健壯成長。過去大陸處在封閉的社會環境、思想守舊，人的潛力完全無法發揮，所以人民的生活貧窮困頓，也感到十分無奈。一旦環境改變，走向自由市場，等於是開展了活動的空間，一般人民生活也很快獲得改善。[11]

他這種瘦鵝面對逆境時展現的積極態度，與日本經營之神松下幸之助把壞運看成是好運的積極人生觀，非常神似。

---

[8] 王永慶為陳水扁所著《臺灣之子》一書中之序。
[9] 王永慶，《王永慶談話集第三冊》，二〇〇一年一月十五日出版，頁二一四。
[10] 蘇育琪，〈瘦鵝與敗家子〉，一九九三年三月號《天下雜誌》。
[11] 王永慶，《臺灣活水》，一九九七年十一月《臺灣日報社》出版，頁二九一。

松下幸之助從小因腸胃不好，經常把排泄物拉在褲子裡，弄得狼狽不堪；十一歲時因家境清苦，只好唸到小學四年級就輟學去當學徒；十三歲喪父，二十歲喪母；十七歲，搭乘汽船跌落海中，差一點淹死；二十歲，染上當時被認爲是絕症的肺結核病；二十六歲，騎自行車與汽車相撞，自行車被撞得稀爛。

對於上述種種的打擊與噩運，松下幸之助全部當成好運。他認爲，因腸胃不好，爲免於狼狽不堪，只得小心飲食，並更注意自己的健康；十一歲就輟學去當學徒，這樣才能比別人更早學到做生意的本事；年幼喪父母，未來的前途唯有靠自己的雙手去奮鬥；海水淹不死，病魔纏不死，汽車撞不死，大難不死必有後福。

王永慶在面對逆境時，當成是瘦鵝磨練自己的良機；松下幸之助把人生中所遭遇的壞運全部當成是好運。兩人的看法確實有異曲同工之妙。

三、瘦鵝之所以瘦，問題不在鵝，而在飼養的方法不當所致

企業經營的道理也是一樣，企業經營不善，問題不完全在員工，而在

老闆管理方法不當所致。

王永慶說：「我們雖然年年有成長，但仍落伍，原因何在？我想責任不在被領導者，是在養鵝的人，不懂飼養，瘦鵝永遠是瘦鵝。」[12]

他指出，**效率差是領導者的問題，是管理的問題。工廠的生產管理沒做好，品質管理沒做好，是管理者沒有設定良好的制度，沒有教導、要求他們的工作人員，不是工人不守規矩、不用功或者是不重視品質效率。**管理沒有做好，要怪動腦的人沒有用心去思考、研討，設定合理妥善的各項管理制度，進而教導、要求基層的工作人員。[13]

他進一步指出，企業要提高團隊的經營績效，必須要有一個能幹的領導人。

王永慶以獅子與羊作生動的比喻說：「如果讓一隻獅子來帶領一群羊，將來這群羊一定個個勇猛；而如果讓一隻羊來帶領一群獅子，最後很可能

[12] 王永慶於一九七一年九月二十五日，在台塑第四期新進幹部職前訓練結訓時的演講詞。
[13] 王永慶於一九八〇年九月十七日，對明志工專新生的講話。

獅子變得很軟弱。」⓮

他的意思是，企業經營的成敗關鍵全看領導人。有能幹的領導人，就能培養能幹的部屬，自然就能提高團隊的經營績效。

大同公司前董事長林挺生曾說：「英國古諺說『天下沒有壞學生，只有壞老師。』我相信這句話也可用在企業界：『沒有不良的員工，只有不稱職的管理者。』」

美吾髮公司董事長李成家也說：「沒有打敗仗的士兵，只有不會帶兵的將軍；沒有不可用的人，只有不會用人的主管。」

林挺生與李成家的看法，正好與王永慶的「瘦鵝理論」不謀而合，道出了企業經營成功的奧祕。

⓮一九八六年三月五日《經濟日報》第二版。

第三章

節約儉樸

「節約儉僕」就是不浪費一絲一毫的財物，過著簡單樸素的生活。王永慶經常告誡員工不得浪費絲毫，因為節省一塊錢就等於淨賺一塊錢。

王永慶的第三個經營理念是「節約儉樸」，也就是不浪費一絲一毫的財物，過著簡單樸素的生活。

他在五十歲時已是臺灣公認的大富豪了，可是他非常節儉。於公來說，經常告誡員工不得浪費絲毫，因爲節省一塊錢就等於淨賺一塊錢；於私來說，他律己甚嚴，生活儉樸。

王永慶曾對員工們說：「你們所戴的工作手套如果磨破，不妨翻過來換戴在另一隻手上再用。」❶

他的意思是：工作手套經過一段時間的使用，磨破的一定是手心那一面，而手背那一面仍然完好如新，因此只要把磨破的手套翻過來，換戴在另一隻手上，即能再使用。事實上，是告誡工廠的作業員要愛惜資源、崇尚節儉。

王永慶有句名言：「多爭取一塊錢生意，也許要受外在環境的限制；但節省一塊錢可以靠自己的努力，節省一塊錢，不就等於淨賺一塊錢？」❷

舉例來說，假設一件產品的售價是十元，成本是九元，那麼利潤是一元（一〇%）。如果能夠把成本降低一元（即一〇%），而售價不變，利潤就是二元（即二〇％）。顯而易見，成本雖然只降低了一〇％，利潤卻增加了一倍（從一〇％增加至二〇％）。

基於上述的認識與「節約儉樸」的理念，**王永慶幾十年來陸續地在降低建廠成本、精簡人員以及提高產能等三方面不斷努力，才有今天台塑企業的輝煌成就**。

沒有倒掉的菜飯

若干年前，台塑企業有四位主管，因公請三位客人在高級餐廳吃飯，結果一頓西餐下來，一共吃掉兩萬元。此事被王永慶知道之後，不但把四位主管叫來狠狠訓斥一番，還處罰了他們。

王永慶對部屬如此，對自己如何呢？他的應酬地點多半在台塑大樓後

❶王永慶於一九七五年六月九日，在美國聖若望大學贈授榮譽博士學位時之致謝詞。
❷游淮銀，〈在風浪中成長的臺灣化纖〉，一九八六年一月一日出版之第六期《統領雜誌》，頁一二七。

棟頂樓的招待所內。招待所內備有廚師、女侍。在此地宴客，除了具備衛生、可口、親切等優點之外，最主要的就是節省。

曾經爲王永慶座上客的人都指出，招待所的菜色相當精緻可口，而且有一項特色就是：菜的分量恰到好處，不多也不少。一般餐廳出菜鋪張、分量過多，以致吃了一小部分倒掉一大部分的情形，在招待所裡絕不可能發生。

此外，他經常採用「中菜西吃」的方式，讓大家圍在圓桌前，將個人盤子端出，由侍者個別分菜，一人一份，吃完再加，既衛生又不浪費。

一般工廠裡大都採自助餐方式供應員工伙食，吃不完飯菜倒掉的情形可說非常普遍。此種情形在台塑關係企業的伙食團裡不可能發生，因爲王永慶規定，員工吃自助餐時，菜與飯都是自取，而且分量不限，可是舀到餐盤裡的菜飯絕不可剩下或倒掉，否則要受罰。

由於台塑關係企業的伙食團沒有倒掉的菜飯，換言之，就是沒有浪費掉的菜飯，因此，在相同的預算之下，他們的伙食辦得比別人好。

王永慶經常提醒廚師要節約能源，他說：「湯煮滾了，應即刻將火關小；滾湯溫度達到沸點一百度後，繼續用火燒，那只是浪費瓦斯而已。」

不浪費一絲一毫

台塑關係企業內的一個信封可以用三十次，訪客的招待一般是白開水一杯。小到連原子筆芯也不准丟棄，員工必須拿舊筆芯來換新筆芯（筆桿不會壞，可再重覆使用）。沖洗廁所用水爲地下水。茶水間的燈爲感應式，人進入燈自動開啓，人走了自動關閉。

他非常看不慣日本人吃水蜜桃的浪費習慣。他說：「日本人吃水蜜桃，很斯文地在原本薄嫩的皮上用刀子削去厚厚的一層，然後四周各切下一片，就把大半個水蜜桃丟棄了，這種吃法實在太浪費。」❸

王永慶強調，**雖是一分錢的東西也要撿起來加以利用，這不是小氣，這是一種精神、一種警覺、一種良好習慣。**❹

❸王永慶於一九七二年十一月一日，在明志工專對該校學生的演講。

與王永慶喝過咖啡的人都知道，他把奶精倒入咖啡後，一定會把些許咖啡倒回到奶球，將殘留的奶精涮出來再倒入咖啡。

平時居家，浴室所用的香皀在使用到變成小薄片時，不會將之丟棄，而是把這小片香皀黏附在大塊的新香皀上，繼續使用。

爲了講求效率，他在公司習慣同一時間，分別與七、八個不同的對象談事情。他在與這些人談話時，會拿前一個人給他的名片當便條紙，記錄對方講話的內容，以節省紙張。

有時出國，到機場盥洗室如廁，用畢洗手後，使用盥洗室免費提供的擦手紙張擦乾手之後並不丟棄，而是把紙張折疊成四方形隨手放入口袋，留待下次再用。

王永慶吃西瓜、葡萄從不剔籽，因爲剔籽太浪費時間。

他說：「有人吃西瓜要慢條斯理地把籽一粒粒剔出來，其實這又何必呢？統統吃下去也不會出毛病的。吃葡萄也有人要細細地剝皮和剔籽，豈不太浪費時間嗎？要發展工業，先要養成不浪費的習慣，節約時間，節省物料，刻苦耐勞。」❺

粗茶淡飯也能吃得津津有味

王永慶平常三餐吃得很簡單，半碗飯、一個魚頭、幾片蔬菜、半條香蕉，就是一餐；即使宴客，一杯紅酒、一隻大蝦、兩片苦瓜、幾口青菜、幾片鳳梨，又是一餐。他說：「吃東西不一定要吃好的，粗茶淡飯也能吃得津津有味。」❻

談到吃的哲學，王永慶認爲，偶爾吃一頓大餐，會覺得很好吃、是一種享受；若是天天應酬吃大餐，太油膩了，非但不是享受，反而是受罪，一口也吃不下。關鍵在於：如果肚子餓的話，就會覺得粗茶淡飯都很好吃。他記得小時候放學回家，肚子餓了，把冷飯加一點豬油與醬油炒一炒，香噴噴的，非常好吃。

---

❹同❸。

❺同❸。

❻王永慶於一九七一年九月十一日，在台塑第三期新進幹部職前訓練時，以「吃苦、知識與經驗乃是管理三要件」為題演講之講詞。

他對長壽者的飲食有一套獨特的看法。他認爲，**長壽的人吃得都很簡單**。

王永慶指出，長壽的人似乎不是經常吃魚肉，而且吃得很簡單。吃對他們來講，並不是爲了滿足口腹之慾，而是肚子餓了必須餵飽它。但奇怪的是，爲了滿足口腹之慾的人，越追求食物的色香味，越覺得飯菜無味；反而是只求溫飽的人，卻咀嚼得出菜根的香甜，這中間的道理很值得玩味。❼

夠穿就好

他非但吃得節省，穿著方面也相當節省。

目前在臺灣社會訂做西裝似乎有一種奇怪的虛榮心理，如果不花幾萬塊買世界一流的料子，做出來穿在身上就不夠體面，渾身不自在。王永慶說：「其實一套西裝，兩萬塊錢也好，三千塊錢也好，穿在身上感覺都差不多的。」❽

有一次，朋友送他一套西裝料子，他請了裁縫師傅到家裡量尺寸，決定做一套西裝。裁縫師父在量身體時乘機向他推銷。

「王董事長，我的客人通常一做都是好幾套，還有人一次訂做十套以上的，您就多做幾套吧！」

「師傅，我做一套就夠了。」

「王董事長，您實在太節儉了。」❾

又有一次，王永慶因爲持續晨跑而腰圍縮小，平常所穿的西裝因而顯得不太合身。太太特地請裁縫師傅到家裡給他量尺寸，準備替他訂做幾套新西裝。

不料，王永慶突然從衣櫃裡拿出五套舊的西裝，堅持請裁縫師傅把腰身改小就行了，而拒絕做新的。他認爲，**既然舊西裝都還好好的，改一改就能穿了，何必浪費錢再做新的呢？**

---

❼王永慶於一九八〇年九月十七日，對明志工專新生的精神講話。

❽王永慶於一九八〇年十月十二日，在明志工專中區校友會中的談話。

❾同❽。

另外，他每天早上做毛巾操所用的那條毛巾，三十幾年永遠是那一條。

以上是王永慶「食」與「衣」的節儉情形，我們再來談談他有關「行」的情形與員工出差的狀況。

出國搭機、員工出差能省則省

早些年，王永慶搭飛機出國，總是買經濟艙。他認爲，不論搭頭等艙或經濟艙，都是同時抵達目的地，只是位置稍爲寬敞些，但價格差了好幾倍，實在划不來。

有一次他搭飛機赴東京公幹，那時王永慶已經八十六歲了，在機艙入口處巧遇國泰塑膠總經理蔡辰洲。王永慶搭經濟艙，蔡辰洲搭頭等艙，事後蔡告訴友人說，那一趟飛行他覺得很內疚，原因是：連王永慶都不搭頭等艙，他有什麼資格搭。

後來，有好幾次赴美搭華航，服務人員執意幫他升等到頭等艙，王永慶覺得不能老占別人便宜，才改買頭等艙。

在改買頭等艙之後，爲了不浪費時間起見，他改變以往的習慣，故意把飛往目的地的這段時間安排爲他的睡眠時刻，以便下機之後就能立刻工作。

還有，一般公司大都配發轎車給高階主管人員代步，台塑關係企業基於節約的理由，不但廠處長一級主管沒配車，連台塑、南亞、台化等各事業部的經理級主管也沒有。要知道，台塑關係企業各事業部的經理每年負責數百億的營業額，其重要性相當於一般公司的總經理。由此可見其儉樸程度。

在員工出差方面，王永慶爲了避免台塑員工浮濫報出差費，除了規定一定金額款項以上必須當面查詢清楚，嚴格審查所報的費用之外，他還在各廠區與營業所普設招待所，以使用最節省的方式解決出差員工吃與住的問題。

另外，他在美國紐澤西州有一棟高級住宅，宅內有網球場與游泳池等，設備齊全。每當有員工出差到美國當地時，常被指定到該處安歇，以節省一筆住宿費。

沃爾瑪的節儉精神

走筆至此，使我想起以節儉管理經營成功在美國《財星》雜誌（Fortune）全球五百強企業中連續多年位居榜首的沃爾瑪公司（Walmart Stores Inc.）。

沃爾瑪是全球百貨零售業的泰斗，共有八千五百多家店分布在世界十五個國家，雇用員工二百二十萬人，二〇一二年度營業額高達四千四百六十九億美元。其營業額與員工人數均位居世界之冠。

該公司成立於一九六二年，剛開始只是美國阿肯色州一家地方性的折扣零售商店，短短四十年的時間就發展成一個富可敵國的跨國大賣場型態的連鎖店，如此驚人的成就完全來自其「全球最低價」的核心競爭力，以及**「把大家每天都需要的物品，比其他商店都便宜一點點的價格賣出，顧客就會自動送上門來」**的經營理念。

在沃爾瑪的大賣場裡面，從家用電器、男女服飾、汽車零件到布匹、藥品、飲料、零食、玩具等各色各樣家庭日用品，種類齊全，供應無缺，而且產品的品質有一定的水準。

為了遂行長期全面性最低價的政策，沃爾瑪就必須在每一樣產品的採購、配送、設計、包裝、人工、物料、庫存等各種環節上充分發揮節儉管理，亦即從採購到販賣的過程中，絕不放過每一個省下一分錢的機會。

全世界沃爾瑪公司員工的辦公桌，都是當地最常見、最廉價的電腦桌，即使最高階主管也不例外。在公司裡喝杯咖啡，得主動付上十美分。公司裡沒有影印紙，得用報廢紙張的空白背面代替。每次幹部出差，必搭經濟艙、住廉價旅館。各地的高階主管去美國總部開會，常被安排在一所因暑假而閒置下來的大學學生宿舍裡住宿。

除此之外，沃爾瑪還有一項不成文的規定：不論是總裁還是經理，繁忙時人人都是店員；也就是說，大賣場一旦顧客蜂擁而至，從上到下立刻都成為店員，共同承擔營業、收銀、搬運、安裝等工作，以節省人力。

沃爾瑪這種節儉的精神承襲自創始人山姆．華頓（Sam Walton）。**如今山姆雖已去世，在沃爾瑪還流傳著他「撿拾紙繩」的故事**。有一天，山姆到一家商店巡視，看到一個店員正在為顧客包裝商品，隨手就把剩餘的半張包裝紙與一小段細繩扔掉了。山姆等顧客結完帳離去後，立刻撿起半張包裝紙與細繩對店員說：「年輕人，我們賣的東西是不賺錢的，我們賺的是這一點點節省下來的紙張和繩子錢。」

另外，山姆還有三個習慣。第一，他一輩子只到當地的一家小理髮店理髮，因為那裡只需花最低價五美元；第二，只要員工下班後忘記關燈，他必定大發雷霆，訓斥一番；第三，他出差時，不但與隨行者同住一間房，而且習慣只在當地便宜的飯館用餐。

總之，節儉在沃爾瑪已經變成一種企業文化、一種工作習慣，也是促使它成為全球五百強之首的主要因素。

臺灣人花錢似流水

我們再回到王永慶的節約儉樸，他非常看不慣臺灣人的奢靡風氣。王永慶指出，臺灣人的浪費從給旅館的小費就可看出來了。

他說：「以前，在國外住旅館付美金一元的小費時，在臺灣只要付新台幣十元小費，當時難免教人感到，付一塊美金實在太多。現在，在國外住旅館付美金兩塊的小費；在臺灣一次付新台幣兩百元不算稀奇，而且也不被認爲太多。」⑩

爲什麼在短短數年之間，國人花錢的方式會有這麼大的差別呢？王永慶認爲，那是因爲臺灣人有一種錯誤的觀念，普遍認爲只要物質享受提高，錢花多了，生活水準就會提高了。此一錯誤觀念養成臺灣人浪費的生活習慣。

我們常聽人說，臺灣一年要吃掉兩條高速公路。臺灣各大小城市裡，餐廳、賓館、咖啡廳、沙龍四處林立，種類與數量之多可能是世界之冠，此種逐漸奢靡的浪費風氣，令人擔憂。

歐美等先進國家的大小城市裡，不像臺灣有這麼多消費場所，**他們談生意沒什麼應酬，一到晚上時間，多數留在家裏與家人共享天倫之樂，這一點很值得臺灣人多多效法學習。**

⑩王永慶於一九七九年九月廿九日，在《經濟日報》與中華管理科學學會舉辦之演講會之講詞。

王永慶以本身的經驗爲例，談到臺灣奢華虛浮的現象，他曾宴請美國台塑公司兩百六十名員工與眷屬，包括吃飯及給小孩的禮物，一共只花了一千二百美元，折合新台幣五萬元不到。在臺灣，若以同樣的費用請客，頂多辦五桌酒席，只能請六十個客人；若是高級一點的套餐，恐怕只能辦兩、三桌。⑪

目前，臺灣人所賺的錢只有先進國家的四分之一，而花錢卻是別人的四倍。臺灣企業的繁榮，絕大部分是依賴國民勤勞節儉的美德，因而賺取與國外相比工資的差額而來，可是奢靡浪費與日增加，勤勞節儉卻逐漸衰微，這對臺灣未來的發展相當不利。

崇尚節儉的企業家

臺灣第一代的知名企業家崇尚節儉的除了王永慶以外，還有國泰企業創辦人蔡萬春與永豐餘企業創辦人何傳。

先說蔡萬春。

蔡萬春以「丸莊」醬油發跡，他年輕時當推銷員，爲了省錢，請客戶抽全支香煙，自己則把香煙剪半，抽半截的。

當時，他買襪子總是挑若干同樣款式與顏色相同的，有人問他爲何不多挑幾種式樣與顏色呢？

他答道：「任何一雙襪子穿久了總會破，但通常不是兩雙同時破損，只破一隻就丟掉一雙太浪費了。買同樣款式與顏色的襪，破一隻就換掉一隻，可省下不少錢。」

由上可知他節儉的程度。

再說何傳。永豐餘以造紙聞名全臺灣，何傳平常關心的不是公司的營運數字，而是員工的行爲是否秉承他節儉刻苦的精神。他平常巡視工廠時最留意垃圾堆，其目的在發現是否還有可用之物。

他的事業起源於高雄，早年他經常搭火車來往於高雄與台北之間，爲了節省時間，他從不在白天搭火車，而是利用晚上搭乘火車的臥鋪，一覺

⓫一九八五年二月十一日《聯合報》。

醒來時，剛好天亮，立刻就能開始工作。

何傳一直住在仁愛路一幢日式的老舊房子，何應欽將軍曾問他爲何不換間較舒適的房子。

何傳答道：「我必須讓孩子們體驗儉樸的生活，如果年輕時讓兒子享受習慣的話，將來長大就很難適應困苦的生活了。」

目前臺灣第二代的企業家，有人對第一代此種節儉刻苦的作風不以爲然，認爲太迂腐、太刻薄自己了。殊不知，**節儉的觀念運用在現代企業經營上，就能不斷地降低各種成本、提高經營績效，千萬不能等閒視之。**

第四章

追根究柢

對問題不追究到水落石出，絕不罷休的態度。王永慶說：「經營管理，成本分析，要追根究柢，分析到最後一點，我們台塑就靠這一點吃飯。」

王永慶的第四個經營理念是「追根究柢」，也就是對問題不追究到水落石出，絕不罷休的態度。

大家都知道，台塑創辦人王永慶以木材起家，因塑膠而發跡。他早年的木材生意，都是向林務局的林場標購原木，經過簡單加工，再轉售出去。那些待標售的原木，林場爲了避免因乾燥而導致木材龜裂，全都浸泡在大水池裡面。

當時臺灣木材商向國有林務局標購原木的做法是，到林場裡先用長竹竿在水池中探測浸泡原木的數量，再用肉眼辨別原木的樹種（原則上可分為針葉木與闊葉木，前者價高，後者價低）與品質（研判原木完好與龜裂程度），再塡寫標單向林務局標購，最後由最高價者得標，取得原木。

由於大部分的原木都浸泡在水裡面，光用竹竿去評估其數量，經常造成很大的誤差，再加上每根原木價格昂貴，動輒數十萬元，因而標購水池的原木風險很大，大家各憑經驗與本事，有人賺也有人虧。無論如何，「賭」的味道很濃。

「追根究柢」精神可佩

有一次，王永慶向嘉義的阿里山林場標購原木，結果出乎同業意料之外，王永慶所標的價格雖然高出其他同業甚多，可是卻因購得那一池原木，賺了很多錢。同業們都大惑不解，到底他用了什麼方法，能夠把那一池的原木數量估算得那麼準確。

原來王永慶在招標截止前一天晚上，趁著月黑風高，悄悄地跳入水池中，花了一晚上的時間，把水池裡原木的數量點得一清二楚；所以，第二天他才能報出合理價格得標，因此也狠狠賺了一票。

其實，在夜晚潛入浸泡原木的水池中清點原木數量，極爲危險，**王永慶為了追根究柢，查得清清楚楚，勇敢地冒此危險，為常人之不敢為，所以才會成功**。

王永慶曾說：「經營管理，成本分析，要追根究柢，分析到最後一點，我們台塑就靠這一點吃飯。」❶

前經濟部長趙耀東說：「啊！王老闆（指王永慶）的追根究柢功夫眞

讓人欽佩，被王老闆看上的問題，不到水落石出，絕不罷休，這是王老闆經營企業最成功之處。」❷

那麼，何謂經營管理的「追根究柢」呢？那就是日本行之數十年，對提高經營績效極有助益的**「原流方法」**。所謂**「原流方法」就是，凡事遇到問題或發生異常都要深入分析，並且追究問題的本源**；就好像河川的流水混濁了，我們要探求它的原因，必須溯流而上，一直追到河川的源頭，才能眞正排除異常，解決問題，所以叫做「原流方法」。

王永慶說：「所謂『追根究柢』也好，『原流方法』也好，本來就是處事的眞理原則。只要肯花心思把事情做好，自然就必須深入探討事務的本源，這是做事的不二法門。」❸

經營管理要進行「追根究柢」，必須從根源處去追求。王永慶舉一棵樹爲例來說明：樹的上面有樹幹與枝葉，下面有根，根中有大根與中根，連接中根的還有許多細根。樹的生長是靠細根吸收養分，經中根、大根至整棵樹，才能自然地成長。冬天來臨時，葉落滿地；但是因爲有根部供給養分，春天一到，即再生樹葉而綠意盎然。人們最注意的，往往是茂盛的

枝葉，而忽略了最重要的根部。❹

王永慶的意思是，一棵樹要長得枝繁葉茂，必須從看不見與容易被忽略的根部去下功夫；經營管理要做得好，也必須從平常看不見與容易被忽略的根源處去追求。

他說：「我們做事應該和樹有細根一樣，必須從根源處著手，才能理出頭緒，使事務的管理趨於合理化。」❺

王永慶爲了強調經營管理必須從最辛苦而又乏味的基礎工作著手，他又舉蓋大廈與築橋梁來說明。無論蓋高樓大廈也好，或是築一座橋梁也罷，基礎是最費工、最花錢的工程。等到大廈或橋梁完成，最費工與最花

---

❶狄英，〈王永慶談美國投資設廠〉，一九八一年八月一日出版之第三期《天下雜誌》，頁三二。

❷程明乾，〈趙耀東評王永慶〉，一九八五年九月一日出版之第四二期《財訊》，頁一三五。

❸王永慶於一九八〇年五月十日，對皮包公會業界的演講。

❹王永慶於一九七九年九月二十九日，在《經濟日報》與「中華民國管理科學學會」聯合舉辦之演講會中的講詞。

❺王永慶於一九七九年九月二十九日，在《經濟日報》與「中華民國管理科學學會」聯合舉辦之演講會中的講詞。

錢的基礎卻都看不到了，只能看見大廈的上層和橋梁的表面，人們稱讚的也是這些外在看得見的部分，沒有人會想到基礎。哪一天發生洪水、地震，有的塌了，有的倒了，才知道基礎的重要。❻

總之，**王永慶認為，基礎工作最容易被輕視與忽略，最費精神、辛苦而乏味，卻是經營管理最重要的一環。**

成本分析到最後一點才罷休

我們再來看看王永慶用追根究柢的方式追問部屬的實例。

「前幾天，我們開會討論南亞做的一把塑膠椅子。報告的人把接合管多少錢、椅墊多少錢、下面的尼龍布、貼紙要多少錢、工資多少錢，都算得很清楚，整個加起來五百五十塊錢。每個項目的花費在成本分析上統統列出來了，一個椅子的資料分析、圖表有好幾頁。

「台塑是靠追根究柢、降低成本起家的。我追問——椅墊用的PVC泡棉一公斤五十六塊錢，品質和其他的比較起來怎麼樣？價格如何？有沒有競爭的條件？他答不出來。這樣的話，一點用都沒有。

「我再問——這PVC泡棉用什麼做？『用廢料，一公斤四十元。』那麼大量做的話，廢料來源有沒有問題呢？又不知道。我問——南亞賣給人裁剪組合，在裁剪後收回來的塑膠廢料一公斤多少錢呢？『二十元。』那麼成本一公斤只能算二十元，不能算四十元。

「使塑膠發泡的發泡機，要用什麼樣的發泡機？什麼技術？原料多少？工資多少？消耗能不能控制？能不能使工資合理化？生產效率能不能再提高？結果沒有，他根本沒有分析。

「這麼一大堆的工作沒有做的話，絕對不行的。經營管理，成本分析，要追根究柢，分析到最後一點。我們台塑就靠這一點吃飯。」❼

王永慶也用追根究柢的方式改善了台塑資材管理中的盤存表。

有一年，台塑發現各公司的資材倉庫裡庫存很高，可是卻發生缺料、

---

❻王永慶於一九七三年二月九日，在財政部稽核組的演講。

❼狄英，〈王永慶談美國投資設廠〉，一九八一年八月一日出版之第三期《天下雜誌》，頁三二。

斷料，造成不能順利供應生產的現象。

當時台塑的資材管理，僅爲每一個月及每半年一次的盤存工作，依品名、規格、數量等，將經過一個月或三個月甚至六個月尚未動用的原物料資料記錄成一大本表格，然後把庫存量統計一下，最後由塡表人依序呈送資材主管、廠長和經理過目。至於盤點目的何在，大多未加深究，僅是潦潦草草看過就算了。

王永慶說：「要談資材管理，第一個先決條件，是表格的設計能否達成管理上的要求？東西雖經盤存，但這些東西一個月沒有動用，三個月沒有動用，甚至半年沒有動用，只是盤點出來又有何用？盤點的目的是什麼？東西擺這麼久應該怎麼辦？從未想到應該去追根究柢。」❽

於是，王永慶把原本的盤存本，增列了兩欄。其一是資材主管的「處理對策」，東西滯存了三個月，怎麼辦呢？有了這一欄，資材主管不得不去動腦筋：讓這些東西繼續滯存在倉庫呢？或是趕快處理掉好呢？或是提出與人交換呢？或是其他種種辦法，應該逐條塡列出來。其二爲「廠長或經理批示」，資材主管簽註的意見如何？所擬的處理辦法又如何？既經批示執行，有無處理？處理得怎樣？有了這兩個欄就能夠追蹤，這樣才是管理。

日方代表被問倒了

王永慶曾經在一次中日會議上，用追根究柢的方法，把日方代表問得啞口無言。❾

那是一次中日合作策進會，會後聚餐時，他問一位熟識的日方代表守谷說：「守谷先生，你最近也開雜貨店嗎？」

對方回答道：「沒有啊！」

王永慶爲何會問守谷那句話呢？原來在當天的會議上，我方提出的問題，全部由守谷包辦答覆。我方一位代表提出問題說，臺灣蔬菜生產豐

---

❽王永慶於一九七一年八月十五日，在台塑第一期新進幹部職前訓練結訓時的演講詞。

❾王永慶於一九七一年十月十六日，對明志工專學生的演講。

富，日本蔬菜比臺灣貴十倍，爲何日本不從臺灣輸入蔬菜呢？

守谷回答說：「日本最近採用塑膠布做溫室生產蔬菜，產量很多，所以我們的蔬菜夠用的。若不夠時再向臺灣進口。」

我方代表經守谷這麼一說，也就沒話講了。王永慶認爲，我方代表應該立刻頂回去，告訴守谷，溫室做的東西都很貴啊！本來季節性的蔬菜已經貴臺灣十倍，若再由溫室生產，豈不要貴上二十倍？日本只要以二十分之一或十分之一的價錢，即可由臺灣輸入廉價的蔬菜，何必做溫室呢？溫室又能生產多少蔬菜呢？

晚餐時，王永慶直率地向守谷說：「溫室能生產多少蔬菜呢？成本不高得多嗎？」

守谷恍然大悟道：「原來如此，實在是沒有想到。」

王永慶說守谷開雜貨店，是說守谷對問題不夠深入，未曾動腦筋，根本是官樣文章在敷衍我方代表提出的問題。

午餐會報咄咄逼人

王永慶還把「追根究柢」的精神帶到中外馳名的台塑「午餐會報」上。爲了追蹤、考核台塑各有關事業單位，以瞭解命令貫徹的實際情形，並考驗各單位主管與幕僚人員的能力，台塑總管理處總經理室定期安排午餐會報，每一事業單位都有輪到的機會。

從一九七三年開始，通常只要王永慶在國內，他都會利用中午吃飯的時間，以便餐方式（便當或麵食）輪流招待各事業單位的主管。這不但是追蹤、考核以及能力的考驗，也是行政主管與幕僚人員之間重要的溝通場所。

午餐會報通常以各事業單位經營狀況，或是遭遇的管理難題爲主。其他諸如制度的建立、投資案或經營改善提案，也常在會報中討論。每次參加的人數約三、四十人，時間約兩小時。

輪到報告的單位，總管理處在一個月以前就會通知他們準備，隨後擬定報告的主題和議程。報告單位事前都會經過多次地演練與充分地準備。

一旦用完便餐之後，即由事業單位主管提出報告。現場氣氛嚴肅，會中王永慶若聽到有疑問之處，立刻將報表摺角，待報告到一段落時，即以慣有的「追根究柢」方式不斷追問；若準備不夠充分，或對問題瞭解不夠深入，隨時會被問倒。因此，在會報中報告的單位無不戰戰兢兢，全力以赴。

面對王永慶的質問，報告者均承受極大的壓力，因爲會報表現的好壞，將直接影響他在台塑未來的發展。有人因爲表現良好而平步青雲；也有人因爲表現不好而降職；甚至有人因表現太差，回到辦公室時，發現辦公桌已經不見了。

由於採行激烈的競爭與淘汰，有些人覺得，台塑比較沒有一般中國公司的人情味。

對於這個問題，王永慶的看法是：「什麼叫做人情？人情用在努力、有貢獻的人身上是一種愛和鼓勵。假如這個人不用功、不努力、沒有貢獻，你還怎麼照顧他呢？淘汰就淘汰了，淘汰了他，讓他有機會反省，這樣才有救。中國式的人情在過去家族式的企業上表現得最明顯，不管旁人能力如何，自己的親戚總是要緊。他們不講理，只顧情。事實上，沒有

理，怎麼有情？」❿

有人批評說，台塑中上階層的人覺得沒有安全感，而且相對的報償不夠，甚至因爲工作緊張、壓力大使很多人得了胃病。

對這項批評，王永慶回答說：「我不認爲如此。台塑企業連長庚醫院在內有三萬多名員工，我天天能看到的又有幾人？聽說很多人有胃病，即使我看到的人統統得了胃病，也是極少數吧。這是誇大之詞！

「說到安全感，我想所謂沒有安全感，不是我一個人的問題，也不是我的公司管理得不好，是社會風氣造成的。一個公司管理得好的話，有貢獻的人，會有根據可以評判他好，他的業績自然就好。怕的是公司對有貢獻、有力量的人也無所謂，讓沒有力量的人坐享權力。

「現在我關心的是，『沒有安全感』的聲音從哪裡來？是不是有貢獻的人說：『我沒有希望，我這樣努力，公司都不曉得。』假如是這樣，管理上就出問題了。

「社會的風氣帶動不良的習慣，也有很大的影響，很多人的思想已經

❿狄英，〈王永慶談經營管理應合理〉，一九八一年八月一日出版之第三期《天下雜誌》，頁二八。

發生偏差。其次公司的管理要合理。**一個企業人，最要緊就是判斷，評判正確就成功，評判錯誤就完蛋。對人要公平、合理。假如一個企業家還不曉得內部的人沒有安全感，自己也就完了。**

「衡量人事管理強不強、公道不公道，要由管理上求得鼓勵、評判，不能把好的抹煞掉。換句話說，『沒有安全感』若是司空聽慣的話，這家公司就危險了。」⓫

南亞塑膠第四事業部樹林廠前廠長吳淵澤，因職務關係經常參加午餐會報，對於外傳有些幹部因壓力大、長期緊張而得胃病的事，他說：「參加午餐會報是一種榮譽，將自己所管轄單位的改善成果提出報告，並接受檢討分析，也是一種自我評價與挑戰。縱使有心理壓力，也是短暫的。」⓬

不管怎麼說，台塑集團企業許多管理上的難題，經由這一令主管提心吊膽的午餐會報都可迎刃而解；各種經營改善提案也點點滴滴，積少成多，由小而大，成爲台塑追求合理化的主要推動力量。

⓫狄英，〈王永慶談經營管理應合理〉，一九八一年八月一日出版之第三期《天下雜誌》，頁二八。

⓬廖慶洲，〈王永慶追根究柢〉，一九八五年三月一日出版之第一一期《經濟雜誌》，頁九一。

第五章

務本精神

凡事只求根本，不問結果。在台塑總管理處的會議上，他們總是以「追求點點滴滴的合理化」為主題。

關心「本」而不是「末」

王永慶的第五個經營理念是「務本精神」，就是延續前述第四章「追根究柢」而來，凡事只求根本，不問結果。

國內外絕大部分的企業在開會時，總是繞著「業績」、「利潤」等「結果」在打轉，而台塑總管理處的會議上，永遠聽不到台塑創辦人王永慶和他的幕僚人員在談「業績」或是「利潤」，他們總是以**「追求點點滴滴的合理化」**爲主題。

在台塑任職五十年，目前擔任台塑關係企業七人決策小組之一的楊兆麟說：「打我進入台塑以來，在參加所有內部工作檢討會中，從未聽到董事長（指王永慶）談及檢討業績的事情。王董事長關心的是『本』而非『末』。」❶

楊兆麟進一步指出，一味地追求利潤，好比捨本逐末，本若不固，利從何生？因此，他們從不著眼於「該賺多少」或「賺了多少」，而只著重追求管理扎根工作。

許多中外的管理學者都認爲，企業的高階經營者不應管到細節問題；而王永慶的看法卻恰恰相反，他認爲細節的問題關係重大，要做好管理工作，一定要從細微末節處著手，由每一項工作中找出問題並設法解決，這樣自然能夠全盤瞭解，進而可以掌握部屬的所作所爲，也可以向部屬做深入地要求，這樣的作法才符合務本精神。

王永慶說：「目前國內之管理現狀，尚未達到相當的水準，基礎不夠堅實，經營者只顧及大原則的確立，無論如何是不夠的。」❷

總之，**王永慶務本精神的真諦就在：凡事都要從細微末節處著手，點點滴滴求其合理化，做好最基本的扎根工作，那麼良好的績效必定指日可待。**

談到務本精神，還有一段典故。

---

❶宋梅冬，〈經營管理合理化——台塑關係企業的實例〉，一九七九年二月二十六日《經濟日報》第十一版。

❷王永慶於一九七九年九月二十九日，在《經濟日報》與「中華民國管理科學學會」聯合舉辦之演講會中的講詞。

從細微末節處著手

有一次，王永慶參加明志工專（他創辦的第一所學校，後來該校升級為明志科技大學）校友聯誼會。在會場上，他看到了一句「求新、求行、求本」的標語。

他認爲這句標語的次序有問題，應該倒過來才對；不先求本的話就沒有辦法求新，而不先求行的話也沒辦法求新，如此一來，就應該把標語改寫爲「求本、求行、求新」。

王永慶說：「我不是鑽牛角尖，故意找毛病，其實教育的基本功能就是求本的工作，求本才能求行，而後才能應變求新；如果沒建立良好的『本』的話，怎麼能『行』？又怎麼能『新』呢？若照原標語所寫的，先求新再求行、求本的話，則是本末倒置，是站不住腳的。」[3]

我們再從下面四個實例去瞭解王永慶的務本精神。

首先我們看看「閥」的例子。「閥」就是機械的活門，是一個很小的東西，它與台塑其他原、物料比較之下，其採購的金額可說微不足道；可是，在王永慶對小零件的嚴格要求下，台塑總管理處總經理室對此小東西絲毫不敢馬虎，因爲如果品質不佳，常會引起鉅大的災變。

總經理室生產管理組的成員，花了一個多月的時間深入研究下列的問題，諸如：如何請購？目前的採購程序有何問題？驗收作業合理嗎？品質如何？價格如何？以及其他異常情況的問題等等。有關「閥類材料」的分析報告，用八開紙裝訂成厚厚的一大本，其中對台塑企業幾十個工廠所採用的這個小小物料，都有極爲詳盡、深入的研究。

楊兆麟說：「雖然『閥』的重要性不大，但是以民國六十六年來說，台塑企業對『閥』的採購就有四千五百三十多萬元。當然，這個數字與其他原、物料的採購金額相比，是小巫見大巫，但是我們仍然以一貫嚴謹的態度，對每一種『閥』深入地研究與瞭解。」❹

❸王永慶於一九八〇年一月二十七日，在明志工專校友聯誼會上的談話。
❹宋梅冬，〈經營管理合理化——台塑關係企業的實例〉，一九七九年二月二十六日《經濟日報》第十一版。

種菜也一絲不苟

王永慶務本的第二個實例，是連種菜——**台塑的明志菜圃**——也做到點滴合理化。

明志菜圃爲在台北市明志大樓的屋頂，有三百多坪，它可能是台北市最高而且最大的空中菜圃。台塑總管理處在一九八一年規劃興建明志大樓時，在頂樓設計菜圃，主要就在美化環境，並可收防曬的效果。

明志菜圃約需投資新台幣數萬元，與台塑其他投資計畫相比，根本不成比例。可是，台塑總管理處的大樓管理處，也和處理其他的投資計畫一樣的一絲不苟，先後上了四次報告。在報告之中，詳細說明了種植費用、種植項目、所需的人工與設備、成本估計、種植的面積與效益評估等，甚至還附上了種植位置圖與試種時所拍的彩色照片。

其中，種植費用包括：種子、肥料、防蟲、人工等，每月約需一萬五千元，以蔬菜之售價而言，尚有盈餘；種植項目的挑選，因屋頂風力大，故選擇比較耐風的菜種；在估計成本時，是以桃園地區一分農田租耕年約七千元計，依此換算下來，明志菜圃每月每坪租金約兩元，三百多坪的租金就是六百多元。

此外，爲瞭解決菜圃灌溉用水的問題，總管理處增設了自動噴水機。另外，爲了降低用水成本，灌溉用水採用地下水。

王永慶對菜圃的報告看得很仔細，並做了批示。

明志菜圃月產一千一百五十台斤，總管理處以市價賣給台塑招待所和員工餐廳，若有剩餘，再賣到林口長庚醫院或泰山的南亞塑膠工廠。

雖然明志菜圃只是芝麻綠豆的小計畫，但是王永慶處理起來毫不含糊，依然遵照他的務本精神——點點滴滴合理化。

感謝函要寫得快

王永慶務本的第三個例子，是他要求部屬迅速寫感謝函。

台塑關係企業中的長庚醫院曾經派人到日本東海大學醫院受訓，受到東海大學醫院細心地照顧。王永慶說：「我們醫院院長有沒有寫信向他們

表示感謝呢？這一點很重要，否則人家心裡會想，這樣缺乏文明的水準怎樣開設醫院呢？」❺

王永慶又說：「我個人有很多國外的來信都是自己回的，而且都是當天就要做完。今年七月二十四日我到美國德拉瓦州杜邦公司，德拉瓦州是杜邦公司的發源地，回國以後州長杜邦先生很快來了一封信，說我在他們那裡時，他因為出席另一項會議，招待不周到，表示很抱歉。我看過那封信，心裡很不好受，我沒有趕快寫信向他道謝，反而他已經寫信來道歉了，禮貌周到這方面我們是比人家差一點。」❻

他還表示，像南亞公司（台塑四大關係企業之一）的日本顧問來指導一段時間回去之後，都會寫信來，禮貌也好，要求、說明也好，都很周到；對他們來講，這些都已經是一種習慣，不必再想過才會這樣做，大概比較進步、開發，比較文明的國家都是這樣的。

王永慶感歎道：「我們又是怎樣的情形呢？大概寫情書之類的信還會有一些本事，可是要透過書信來表達或處理正經的事情，恐怕程度就很差了，這一點我們必須深深地自我檢討。」❼

一個字也不放過

王永慶鉅細靡遺、追根究柢的務本精神，還可從下面第四個小到連**「表單用字」都要字字斟酌**的實例中，讓我們更能透徹地瞭解。

一九八一年，王永慶參與改善台塑的管理制度，他與幕僚人員一起檢討各式表單的功能與作業流程的合理性。其間發現一種名叫「製造通知單」的表單不合理，因爲該通知單乃是顧客向台塑訂購東西的訂單，叫做「製造通知單」實在有點名不符實，經檢討之後改名爲「訂製通知單」。王永慶追根究柢的作風，眞的是連一個字也不放過。

另外，工廠申請修護保養用的「修復單」，它的命名也是頗費周章。原先它叫做「請修單」，可是王永慶認爲，工廠機器設備的保養與修理原本就是保養人員分內的工作，爲什麼還要「請你來修」呢？這太不合

---

❺王永慶於一九八一年八月二十四日，在第四期課長訓練班開訓典禮之訓勉辭。
❻王永慶於一九八一年八月二十四日，在第四期課長訓練班開訓典禮之訓勉辭。
❼同❻。

理，王永慶指示要改名。於是，「請修單」改成了「修護單」；可是王永慶仍不滿意，他指出，修「護」單只是修到機器可以使用而已，太過消極了，保養人員應該積極地找出機器故障的原因，並防止以後再發生相同的問題；最後，「修護單」改成了「修復單」，才算定案。

類似改名的情形，還發生在「收貨單」上。

「收貨單」原來叫做「成品退貨單」，是客戶對台塑產品不滿意要求退貨，經台塑同意後，會開一張「成品退貨單」給營業單位，讓他們憑單到客戶那裡收回貨品。

王永慶認爲，這是台塑營業單位主動去取回貨品，而不是被動地被客戶退回，所以，「成品退貨單」必須改名爲「收貨單」。

其實，不但表單的用字要講究，表單的格式也要檢討，這一欄是否多餘？那一欄是否合用？甚至表單本身更要檢討是否應省略掉。一九八一年，台塑總管理處發起通盤簡化表單運動，原有的七千多張表單，經過無數次地討論，在王永慶不斷地追問每張表單的用途與流程之後，結果刪除了一半。

王永慶這種由大處著眼、從小處著手的工作態度，連「閥」、種菜、寫感謝函、表單用字與格式等小事都不馬虎的務本精神，正是他能夠不斷地突破現狀，進而更上層樓的主要原因。

被批評「見樹不見林」

在中外馳名的「午餐會報」上，王永慶經常用「追根究柢」的方式追問部屬每一細節的問題，倘若準備不充分，一定會被他問倒；與會的部屬們每每因他精通細微末節而欽服不已。然而對王永慶追逐細節的做法，有人批評他見樹不見林，勸他多學習美國企業的老闆，拋開枝節，只管大政策與大方向。

針對上述的勸說，王永慶答道：「我做的不是大政策，我忙的都是點點滴滴的管理，就像如何使表格比較理想等。根據台塑在美國的經驗，美國有幾家工廠很老大，學他們的電腦可以，但學他們的管理方法，唉呀，太老大了。」❽

他又說：「看房子，要先看地基。我可不是只見樹木不見林，像操作人員的手藝、操作方法、機械的配置等等，都會影響到生產力；如果有追根究柢的精神，就會細分他的動作，研究是否合理化，是否能將兩個人操作的工作量減爲一個人，生產力就因此提高一倍，甚至一個人兼顧兩部機械，生產力就提高了四倍。」❾

管理的關鍵在「點」上

有一年，一位日本經營管理協會的會長來台講習，王永慶請教他對臺灣企業管理進步程度的看法。

那位會長答道：「你們工商企業的管理這幾年來的確有相當進步，至於程度問題，以我的觀察，對問題『點』已經做得很不錯了，目前已從『線』的改善著手，只要縱、橫連貫做好，便可達到『面』的管理改善。」

王永慶對日本會長的回答不表贊同，立刻追問道：「不錯，由『點』的改善至『線』的連貫，才能達到全『面』的管理，當然要這樣去努力，這是做事的順序；可是我認爲最大的問題還是在『點』上，『點』眞正完善，『線』與『面』就簡單多了。

「剛才您說我們工商企業已經把各『點』都做好，我想這是您誇獎、客氣話，不要說我們工商企業對事的『點』還要努力，就是先進國家對事物各『點』還是不斷地加以研究改善。我認爲事物各『點』是基本問題，『點』的改善是無止境的。」⑩

該日本會長立即點頭，同意王永慶的說法。

王永慶接著又對日本會長說：「我們爲達經營合理化，十年來聘請外國專家學者協助我們改善經營管理，當然多少是有所得，但總感覺效率仍不太高，品質仍未達完善。我認爲專家前來協助的時間很短，只能做全盤性的『面』的講解，無法從根（點）掘起，聽眾無從領會與深入，以配合

⑧《天下雜誌》編輯部，〈二王對談〉，一九八三年十二月一日出版之第三一期《天下雜誌》，頁一三八。

⑨廖慶洲，〈王永慶追根究柢〉，一九八五年三月一日出版之第十一期《經濟雜誌》，頁九四。

⑩王永慶於一九七五年三月八日，在《經濟日報》主辦的「企業家演講會」上的演講詞。

自己的需要。於是，聽了一場講習仍難達到管理上的需要。以會長您的高深管理學識，如果選擇一個實例，將該實例之事，由根源開始，對整個過程之各『點』一一解釋，我們的聽眾必定有深刻的領會。」⓫

該日本會長連連誠懇地點頭稱是。

以百年樹人精神，邊做邊學

由於管理的改善是無止境的，而臺灣企業的管理又不如歐美的大公司，擁有一百年甚至好幾百年的歷史，可說是沒什麼基礎可言。所以，**王永慶認為，我們應本著「百年樹人」的精神，從許多問題的根本去追求，一邊做，一邊改，一邊學，經過不斷的改善，累積許多寶貴的經驗，最後才能建立扎實的基礎。**

王永慶表示，他總有一天要將公司的經營交給公司的同仁，而公司的同仁對管理不瞭解的地方還很多，再加上他本人難免會帶有一點不良習慣積存下來，而公司第二代年輕的同仁還需要借用他人的長處，來修正、改善他的缺點與不良習慣，同時要不斷地去發現，以求得更好的方法；就這樣一代三十年，要經過兩、三代，管理才能眞正達到「百年樹人」的境界。⑫

有句陳年老話：「聚沙成塔，滴水成渠。」聽起來已是腐朽不堪，可是，應用在王永慶點點滴滴求合理化，凡事追根究柢，求根本逐細節的做法上，卻變成他事業成功的金科玉律。

王永慶沉痛地說：「當前國內工業界如果不能從根本上著手，奢談企管是沒有用的。管理沒有祕訣，端看肯不肯努力下功夫，凡事求其合理化，台塑經營管理的理念是追根究柢，止於至善。」⑬

---

⑪同⑩。

⑫王永慶於一九七九年以〈經濟危機與企業管理〉為題，對企業界之演講詞。

⑬孔誠志，〈王永慶樂見台育經營成功〉，一九八四年八月五日出版之第三三六期《時報周刊》，頁一七。一九八六年二月二十日，《經濟日報》第二版。

第六章

基層做起

成功沒有捷徑，想要成功的年輕人，唯有找份工作，刻苦耐勞，按部就班，從基層做起，並且咬住一個目標不放，全力以赴，才會有成就。

成功沒有捷徑，就是要勤勞

一九七九年三月二十日，台塑創辦人王永慶應邀在臺灣大學商學研究所做專題演講。演講完畢，有一位研究生問他說：「在您成功的過程中，您認為哪一項因素最重要？有沒有運氣的成分？」

王永慶答道：「今天以前有運氣的成分，今天以後就不能靠運氣。**成功最重要因素是勤勞，從基層做起**。」

還有一次，王永慶到輔仁大學演講，一位學生問他對大學剛畢業的年輕人有何建言？

他答道：「年輕人剛踏入社會之時，不要東挑西挑，任何工作都可以做，都有前途；特別在企業界，只要你努力學，一年就可以得其要領，而三年有成，可以一展雄心大略。」❶

從王永慶這兩段回答中，我們可以知道，他認為**成功沒有捷徑，奉勸想要成功的年輕人，唯有找份工作，刻苦耐勞，按部就班，從基層做起**。這是王永慶的第六個經營理念。

筆者曾經參加一個非正式的中小企業老闆座談會，會中有一位經營者慨嘆道：「現在的大學畢業生前來應徵，大都中看不中用，好不容易找到一兩位可用之才，可是當你有意栽培他，要他從基層做起時，他卻因為放不下士大夫的身段或吃不了苦而離職了。」

與會的其他企業老闆，異口同聲表示有同樣的困擾，由此可見這是普遍的現象。

一個大學剛畢業的年輕人，被某公司錄用後，常以爲憑自己的學歷，當個幹部應當綽綽有餘了，所以大都放不下士大夫的身段，不願吃苦耐勞，從基層做起。殊不知，學歷只不過代表學到了若干知識，這些知識管不管用，還有待考驗；所以，如果不從基層工作經驗中培養工作實力的話，終究眼高手低，難成大器。

王永慶指出，我們爲學也好，做事也好，就跟蓋房子一樣，一定是從基礎做起。讀書，由小學而中學而大專；蓋房子，由地基築起，沒有由屋

❶郭泰，《王永慶奮鬥史》，二〇〇一年六月一日遠流出版公司四版，頁一八八。

頂先蓋的。做事也一樣，必須由底層的基本工作開始，事無貴賤，職無高低，不由基本學起、由基層做起，將來當了主管怎麼管得了基層的事？❷

輪班訓練從基層訓練起

王永慶爲了貫徹「從基層做起」的理念，嚴格規定台塑關係企業的大專新進人員，不論任何科系，不論將來委派任何種職務，更不論他是誰的兒子（王永慶的兒子也不例外），一律得參加輪班訓練，從最基層做起。在六個月的訓練期間（一九九六年改為三個月），他們將被派到泰山、彰化、宜蘭、高雄等廠區，直接到生產的最前線，實際參與輪班的生產作業。

王永慶說：「大專新進人員將來都要擔任公司幹部，如果沒有利用新進這段期間好好訓練，加入基層工作親身去體會，將來升爲幹部必然不懂，但已經沒有機會再從基層做起。無論爲公司利益也好，爲愛惜人才、培育人才也好，都應該在他們進入公司的時候，給予從基層做起的機會，實地到現場去參與輪班工作。」❸

輪班訓練的過程中，受訓人員除了參加生產作業，其他像打包產品、搬運物料、保養機械都要去做，而且也必須和作業員一樣，輪著上日、夜班。同時，每個月還要提出心得報告，由主管輔導考核；六個月訓練期滿後，再由總管理處派主考官到各廠區舉辦期滿考試，成績合格者才正式任用。❹

輪班訓練非常辛苦，此種訓練的主要目的在考驗新進人員吃苦耐勞的精神，磨練他們的意志與耐力，以及正確的工作態度。同時，讓他們瞭解，公司經營的好壞是從基層開始的；如果將來當上主管，才知道基層在做些什麼。

對於少數仍然保持傳統士大夫觀念，不肯接受輪班訓練，或是吃不了輪班工作苦頭的人，縱使他們在校成績名列前茅，還是一概不予錄用。

❷王永慶於一九七一年十月十六日，在台塑第五期新進幹部職前訓練結訓時的講話。

❸王永慶於一九七六年五月七日，在台塑經理級人員座談會上的講詞。

❹王鈺，〈台塑的新兵與老將訓練〉，一九八五年一月一日出版之第一二七期《管理雜誌》，頁七八至七九。

王永慶認爲，**學歷不等於實力，甚至從一流學府以優異成績畢業也不等於實力，只有從基層的實務經驗中才能培養堅強的實力，經驗愈豐富，成功的機會愈大**。

王永慶曾公開講過下面的眞實故事。

曾經有一位業界公認的紡織機械專家，他是日本東京帝國大學的優等生，畢業後到一家紡織廠工作。剛開始廠方只派他做保養人員，每天負責給機器加油，工作簡單而又乏味。

他不知道爲何廠方會指派這個小學畢業都會的加油工作，他覺得大材小用，雖然失望但也無可奈何。

這樣連續做了八個月，他發現八個月單調乏味、毫不起眼的加油工作，不但使他對紡織機械的大小零件瞭若指掌，而且對紡織機械的故障原因與排除都清清楚楚，八個月豐富的實務經驗使他後來成爲這方面的專家。[5]

王永慶對輪班訓練的成效下結論說：「日本人常說他們要培養一位一流企業裡的一級主管，非要十二年以上的時間不可。其實我倒認爲，只要

我們的輪班訓練做得徹底，六個月以後再按其專長或志趣，有計畫地訓練和培養，不出五年，都有希望成爲本企業之一流主管。」❻

王永慶所主張的「從基層做起」，除了像輪班訓練中，從生產線的最基層做起之外，還蘊藏下列兩層意義。

「從基層做起」的意義

一、腳踏實地、按部就班

在「時間就是金錢」的現代社會裡，一切講求快速；放眼望去，吃的是「速食麵」，讀的是「速成班」，走的是「捷徑」，渴望的是「瞬間發財」，以至於造成社會普遍短視、追逐近利的虛浮現象。

---

❺王永慶於一九七三年二月九日，在財政部稽核組以「乏味的基礎工作決定企業成敗」為題演講之講詞。

❻王永慶於一九七六年八月十五日，在高雄對輪班訓練新進人員的講話。

老祖宗的寶貴經驗告訴我們，**牛肉要用小火慢慢地燉，然後再燜一晚，才會入味好吃；任何工匠，講究的是慢工出細活；拜師學藝，至少要三年四個月才會有成**。

王永慶表示，過去常聽老一輩的話，說要學得一技之長必須當三年四個月的徒弟。開始工作時，師父非常嚴格，打罵兼而有之，吃飯以外，幾乎沒有工資。不能忍耐，吃不下苦就學不到工夫。❼

他說：「學功夫似乎用不到三年四個月的時間，可是忍耐力的磨練、精神情感的成熟和他的技藝不能說沒有關係。那樣熬練出來，果然記憶圓熟老到，絕不毛躁馬虎，眞正是根基穩固，熟而爲巧匠。」❽

王永慶指出，以前師父帶學徒，都會一一教導基本的技藝知識。像蓋房子用的磚塊，在砌磚牆以前都要浸水，目的是要使磚塊吸滿水，才不會在砌好牆之後，吸取外層混凝土中的水分，導致混凝土鬆散，破壞牆的強度。還有，木材在使用以前，必須先風乾，才不會在使用以後縮水，造成結構上的脆弱和危險。❾

他說：「師父除了教導之外，還嚴格要求學徒確實履行。雖然學徒要好幾年才能出師，可是做起事來一板一眼，絕不偷工減料、打折扣。現在進入工業社會了，大家都在講『效率』，求速成，誰還願意花幾年時間學這些？結果就變成不但學藝不精，而且做事馬虎。」❿

談到「腳踏實地、按部就班」，使我想起一則意味深長的故事。

有個小孩在草地上發現了一個蛹，他撿回家，要看蛹如何羽化成蝴蝶。過了幾天，蛹出現了一道小裂縫，裡面的蝴蝶掙扎了好幾個小時，身體似乎被什麼東西卡住了，一直出不來。

小孩於心不忍，心想：「我必須助牠一臂之力。」所以，他拿起剪刀把蛹剪開，幫助蝴蝶脫蛹而出；可是牠的身軀臃腫，翅膀乾癟，根本飛不起來。

小孩以爲幾小時之後，蝴蝶的翅膀會自動舒展開來；可是他的希望落

---

❼王永慶於一九七三年二月九日，在財政部稽核組的演講。
❽同❼。
❾王永慶於一九八二年十月四日，在在職人員訓練班開訓訓勉辭。
❿同❾。

空了，一切依舊，那隻蝴蝶注定要拖著臃腫的身子與乾癟的翅膀爬行一生，永遠無法展翅飛翔。

大自然的道理是非常奧妙的，每一個生命的成長都充滿了神奇與莊嚴，瓜熟墜地，水到渠成；蝴蝶一定得在蛹中痛苦地掙扎，一直到牠的雙翅強壯了，才會破蛹而出。小孩善意的一剪，反而害了牠的一生。

從這個故事裡，我們可以體會出「欲速則不達」的眞諦。燉、燜、磨練、掙扎，這些都是成長必經的過程。

王永慶說：「我看到很多年輕人剛剛到社會上，就要很快地衝，想很快得到很大的成就，結果大部分是失敗的，成功的很少。謀求成就不可操之過急，要一步一步地打基礎，沒有人可以一下子發展起來的。」⑪

房子要蓋得好，看地基；球要打得好，看基本動作；拳腳功夫要學得好，看馬步；要成功，必須從最基本處腳踏實地，一步一腳印地做起。

二、選定目標，咬住不放

美國一個研究「成功」的機構，曾經長期追蹤一百個年輕人，一直到他們年滿六十五歲退休爲止。結果發現：只有一個人很富有，其中五個人有經濟保障，剩下九十四個人情況不太好，可算是失敗者。

這九十四個人之所以晚年拮据，並非年輕時努力不夠，而是因爲在年輕時沒有選定清楚的人生目標。

有一位老師在講台上諄諄勉勵學生做事要專心，將來才會有成就。爲了具體說明專心的重要，老師叫一名學生上台，雙手各持一支粉筆，命其同時在黑板上，右手畫方，左手畫圓，結果學生畫得一團糟。老師說：「方或圓都畫得不好，那是因爲分心的緣故。追逐兩兔，不如專心逐一兔。一個人同時有兩個目標的話，到頭來一事無成。」

這個小故事告訴我們，要成功，只能選一個目標。

再說「咬住不放」，咬住不放就是鍥而不捨，堅持到底的意思。有人問企業家豐群集團創辦人張國安成功的秘訣，他答道：「選定一件事，就咬住不放。世界上成功的人，不是那些腦筋好的人，而是對一個目標咬住

⓫王永慶於一九七九年對明志工專第十一屆畢業生的談話。

不放的人。」⑫

我們再重複王永慶前面的一段話：「年輕人踏入企業界，只要你努力學，一年就可以得其要領，而三年有成。」

日本有句俗話說：「再冷的石頭，坐上三年也會暖。」

這幾句話都在勉勵我們，**至少要三年咬住一個目標不放，全力以赴，才會有成**。

目前許多剛從學校畢業的年輕人，胸懷大志，自信滿滿，也勤奮努力，但稍遇挫折就放棄了。愛迪生說過，全世界的失敗，有七五%只要繼續下去，原都可以成功；**成功最大的阻礙，就在放棄**。

所以，**不論就業或創業，在選定一個目標之後，萬萬不可操之過急，必須愈挫愈奮勇，咬住不放，才會成功**。

⑫郭泰，《智囊一〇〇》，一九八八年一月十六日遠流出版公司初版，頁九二。

第七章

實力主義

學歷不等於實力，而實力卻是從實際經驗得來的，學問也必須在實際工作中驗證，讓知識學問與實務經驗互相搭配，便能進而達到學以致用的目的。

學歷不等於實力

日本新力（Sony）公司的社長盛田昭夫在一九六六年寫下一本書名爲《學歷無用論》，該書出版後，立刻引起熱烈地討論，並震撼日本企業界。

盛田昭夫深恐讀者把「學歷無用論」誤解爲「教育無用論」，曾經鄭重表示，他寫該書的動機，是鑑於日本社會重視學歷甚於重視實力，並把學歷當做評價一個人的標準。他擔心錯誤的觀念如果任其蔓延，日本恐將無法應付以後激烈的國際競爭，因此才有該書的問世。

換句話說，**「學歷無用論」並非否定學歷，而是肯定實力的重要。**

學歷不等於實力。學歷只是表示你取得學士、碩士或博士文憑，學到了若干的知識，而這些學到的知識能否用在實際工作上，展現出你的實力，則還有待考驗。實力主義是王永慶的第七個經營理念。

台塑創辦人王永慶曾奉勸明志工專的應屆畢業生說：「如果你們繼續深造，念到碩士、博士，不能說沒有用，不過根據我們所瞭解的，臺灣一萬多名留美學生中，他們雖然都是碩士、博士，但是他們是不是工業人才

呢？這個我當然不敢說沒有，不過在比例上少得可憐，他們不是當教授，就是當研究院的研究員。」❶

他指出，「在美國有許多的優秀青年才俊是在臺灣培育出去的，他們在美國拿了碩士、博士學位，腦筋是有的，學問是有的，可是卻沒有力量。碩士、博士，甚至所謂優秀人才，如果工作沒什麼表現，縱然才高八斗，學富五車，也只是他個人的，不是社會的。必須要有所表現，貢獻出能力來，才是有益人群的。」❷

基於同樣的謬誤，**許多人誤以為拿到博士學位，讀了一些管理的書籍，就可以到企業界「一展長才」了**；殊不知，一但理論與實務脫節，則理論將成爲無用之物，不幸也貶低了管理學的價值。

---

❶一九七五年五月十二日，王永慶在明志工專對應屆畢業生的談話。

❷一九七九年，王永慶對明志工專第十一屆畢業生的談話。

實際經驗最重要

不但學歷不等於實力，就是好學校與好成績也不等於能力。

王永慶表示，「一般說來，常常會因爲這個人是知名學校畢業的，在學成績也很好，經營者和管理者便認爲這個人絕對沒有問題；好像書讀得不錯，學歷也好，工作能力當然也會好，卻根本從未試著去瞭解這個人究竟有多少能力？其實好學校出身或儘管在學成績如何優異，都是他自己個人的事，並不能因此就說他必然有貢獻。」❸

既然空有學歷與學識無用，那麼實力從何而來呢？**實力是從實際經驗得來的**，王永慶說：「經驗不是可以速成的，不是坐在辦公室享受冷氣可以得到的，要實地去做，去流汗吃苦，經過挫折失敗而後有所得，必須由基層工作做起。」❹

他強調，經驗必須是刻苦耐勞、腳踏實地磨練出來的才有用。如果只是走馬看花，參觀性質，客串性質，只能稱爲經歷，稱爲經過。所謂過來人，並不代表就有經驗，時間並不等於經驗。❺

「經驗」用錢也買不到

遠東紡織公司的董事長徐旭東曾經拜管理大師彼得・杜拉克（Peter F. Dr.-ucker）爲師，念了一年半的書。徐旭東曾以許多經營管理上的實際難題就教於杜拉克，但是得不到答案。杜拉克說：「這就是我只教書，而不參與實際企業經營的道理。」由此可見，**實務問題無法由他人代勞，必須自己親身體驗**。❻

汽車大王亨利・福特認爲，**經驗乃是世界上最有價値的東西**，他說：「任何人只要做一點有用的事，總會有一點報酬，這種報酬就是經驗，是世界上最有價値的東西，也是人家搶不去的東西。」

福特年輕時是小工出身，最初在農田裡工作，曾修過打穀機，後來又

❸一九七一年八月十五日，在第一期新進幹部職前訓練結訓時的演講。
❹一九七二年十一月十七日，在第七期新進幹部職前訓練結訓時的演講。
❺一九七一年九月十一日，在第三期新進幹部職前訓練結訓時的演講。
❻郭泰，《王永慶奮鬥史》二〇〇一年六月一日遠流出版公司四版，頁七〇。

操作鋸木機。王永慶認爲，福特曾經修理過打穀機的那一段經驗，對他後來的成功有重大的意義。

王永慶表示，打穀機雖然是構造很簡單的機械，福特不是機械工程系出身的，對機械並不內行，但經過修理打穀機的經驗，福特便得到粗淺的機械知識，這個知識對於他後來的汽車事業一定有極大的幫助，如果福特沒有這一段經驗，恐怕創造汽車的構想就不會實現了。

通常企業的新進人員在生產線上待一段時間之後，便會對工作感到厭倦與失望。要避免產生這種厭倦與失望，必須從工作的態度上著手。我們應當勉勵新進人員不可挑剔工作，爲了充實自己的經驗，任何辛苦、枯燥的基層工作都得心甘情願地去做。

王永慶說：「辛苦沒有客觀的定義，辛苦與否完全是個人主觀的認定，只要認爲工作得有意義，就不會感覺是在受苦。**你必須知道當你覺得最苦的時候，那正是你磨練意志、鍛鍊體魄的最佳時刻**。」❼

凡事從基層做起，吸取最寶貴的實務經驗，經驗的累積是一點一滴，由少而多，有一天用上了就會知道經驗的可貴。而且，**經驗愈多，成功的**

機會愈大。

其實，新進人員從基層做起，不但對企業有貢獻，同時自己也能獲得寶貴的經驗，這便是最好的報酬。經驗累積豐富之後，自然奠定了未來成功的基礎。用這種學習的觀念去做事，金錢便成為副產品。相反的，如果不是為了吸取實務經驗，只為追求金錢而工作，便會覺得工作單調辛苦，度日如年。

俗話說：「不經一事，不長一智。」這句話充分地說明經驗不但可以增長智慧，而且可以幫助你創業，當然財富會跟隨而來。所以，福特才會說，經驗是別人搶不去的東西，也是世界上最寶貴的東西。

王永慶有感而發地說：「錢是沒有用的。錢，人家可以從你的手中搶走，但只要有足夠的力量你就會成功，而且無論如何，力量是人家搶不走的，培養自己的力量才是最重要。」❽

❼一九七六年八月十五日，王永慶在高雄對台塑輪班訓練新進人員的講話。
❽一九八一年十月十八日，王永慶在明志工專中區校友會的演講。

這句話正好爲他的「實力主義」做了一個最貼切的闡述。

讀書求學請留意三個重點

經驗與實力既然如此重要，那麼，讀書求學問就不重要了嗎？那倒不是，讀書其實是和經驗、實力一樣重要的，問題在讀書求學問的過程中，王永慶認爲必須留意下列三點。

第一，認清讀書的目的

王永慶指出，讀書是爲了將來能夠「致用」而讀的。認清目的之後，你讀書的態度、用功的程度、選擇參考書、課外進修等等，都會有一個新的角度，也才會眞正地讀書。可惜的是，一般人忘記讀書的目的，變成爲文憑、爲升學、爲虛榮、爲了與大家唸熱門的科系而拚命惡補。寶貴的求學時代過去了，文憑也拿到了，卻發現不能「致用」，時間浪費了，人也蹧蹋了。❾

他曾經奉勸明志工專應屆畢業生說：「**進修也好，深造也好，必須先弄清楚自己需要的是什麼？進修深造為的是什麼目的？不要總以追求虛榮的心理去從事**，我認爲這是沒有用的。希望能繼續進修深造，有這種進取心是好的，但凡事要有妥善的準備，先弄清楚你爲什麼要進修？爲什麼要到國外去深造？好多好多人沒有目標，似乎是『爲深造而深造』，這是最要不得的。」❿

王永慶小時候對唸書沒什麼興趣，因爲他當時根本不知道唸書的意義與目的何在，由於不知求學的意義何在，讀起書來倍感艱辛，於是能躲就躲，躲不了就馬馬虎虎地應付了事。

他感嘆地說：「那個時候如果我認眞一點，說不定還可以繼續唸初中，甚至高中，這樣的話，我今天就會更進步了。」⓫

❾王永慶於一九七一年十月十六日，在第五期新進幹部職前訓練結訓時的講話。
❿王永慶於一九七九年對明志工專第十一屆畢業同學的談話。
⓫王永慶於一九八二年十月四日，在台塑第二期在職人員訓練班開訓時之訓勉詞。

第二，學問必須在實際工作中驗證

王永慶指出，有許多人學問固然高深，但因爲缺少工作經驗，他的學問便無從表現出來。學問不在實際工作當中應用，貢獻爲成果，那麼再大的學問也是他個人的，這樣的學問是沒有用的。必須在實際工作當中驗證、修正，肚子裡的學問才會愈精純，工作也因而愈做愈好。

他說：「懂得一堆知識而不懂得消化、利用，充其量只是一個書生、一個書呆子，知識也是死的、沒有用的。」⓬

王永慶又指出，有人沒受什麼教育，知道自己沒有學問，什麼都不懂，便安分守己，埋頭苦幹，不驕不狂，做的雖然不是很重要的工作，但是一點一滴做好它。由於苦幹實幹，他們的經驗逐漸累積，由小而大，他們的成就也積少成多；有一天，他們成就了大事業。他們因爲沒有學問，所以才更本分、更謙虛、更努力，一點一滴、實實在在地去做。沒有學問反而造就他們的成功。⓭

他的一生不就是這段話最好的寫照嗎？

第三，知識學問與實務經驗須互相搭配

王永慶表示，我們常常聽到有人把學問分成理論與實務，這是偏頗的、不正確的。一本書所寫的是作者智慧的結晶，而這份智慧乃是作者的經驗，他把自己的心得寫出來印成書傳授給大眾，這種知識其實是經驗的累積，怎能說它是理論的呢？問題在於讀書的人只記下書中所說，沒有經過實際體驗，沒有消化，沒有自己的心得，於是便說它是理論的。⑭

他進一步解釋，就像看一篇小說，或是一齣戲，其中的情節使你想起自己的經驗；例如離別或是重逢，那種遭遇是你所經驗過的，你便容易被感動，隨著戲中人掉淚，這便是共鳴。同樣地，一本書，讀的人個個感受不同，這表示每個人因爲經驗不同，共鳴程度便迥異了。甚至同一本書，幾年後重讀，會發現體會的程度又加深了些，這表示幾年的經驗使你共鳴

---

⑫王永慶於一九七一年九月十一日，在第三期新進幹部職前訓練結訓時的演講。

⑬王永慶於一九七二年十一月十七日，在第七期新進幹部職前訓練結訓時的演講。

⑭同⑬。

的程度更深入了。⑮

王永慶的這番話重點在於，讀一本書，必須配合自己實際的經驗，互相印證啓發，才能發揮作用。如果你完全沒有經驗，書看了也不懂，勉強硬背下來，那就是理論的；這麼一來，經驗仍是作者的，不能成爲你的經驗了。

王永慶說：「有了學問之後，每個人都想掏出來表現一番，可是如何放到工作上去呢？怎麼一放上去又格格不入，不符老師教的呢？我們今天最重要的課題是如何讓兩者能夠搭配起來，彼此吻合。」⑯

總之，王永慶認爲，在讀書求學問的過程中，首先，要認清讀書的目的；其次，學問必須在實際工作中驗證；第三，知識學問與實務經驗須互相搭配。這麼一來，才能從書本中吸取作者的智慧，累積自己寶貴的經驗，進而達到學以致用的目的。

⑮同⑬。

⑯一九七二年十一月十七日，王永慶在第七期新進幹部職前訓練結訓時的演講。

第八章

切身感

企業的管理制度與工作環境若能造成員工的切身感，員工的潛能至少可以發揮到十成以上。

「切身感」的經營哲學

大家一定聽過「三個和尚沒水喝」的故事。原來只有一個和尚在山上修行，他每天必須下山「挑水喝」；後來來了第二個和尚，兩人每天必須下山「抬水喝」；最後來了第三個和尚，大家都不願下山提水，結果是「三個和尚沒水喝」。

只有一個和尚時，下山挑水與他個人有切身關係（否則一定沒水喝），所以會去挑；兩個和尚時，下山抬水與他們有切身關係，所以會去抬；三個和尚時，我推給你，你推給他，自私心湧現，切身關係消失，當然沒有人願意去提水。

從上述「三個和尚沒水喝」的故事裡，台塑創辦人王永慶逐漸孕育出一套「切身感」的經營哲學，這就是他的第八個經營理念。

王永慶認爲，**人性都是自私的，只有自己的事業最有切身感，才會下苦心去經營。企業的管理制度與工作環境若能造成員工的切身感，員工的潛能至少可以發揮到十成以上。**[1]

他說：「企業規模發展愈大，人員用得愈多，切身感就會逐漸淡薄，這似乎是很難避免的自然趨勢。以我的看法，要要求效果，比較可行的方式應該是找適當的人和你合作，使他和公司的經營績效休戚相關，因此而產生切身感，和你同心協力，謀求發展。」❷

米勒發揮潛能，創造雙贏

美國的石油鉅子保羅．蓋帝（J. Paul Getty）就是用這套方法來管理他龐大的油田。

有一次，蓋帝聘用一位名叫喬治．米勒（George Miller）的人，管理位於洛杉磯郊外的一些油田。

米勒是公認優秀的管理人才，不但對石油業很內行，而且勤奮、誠

❶王永慶於一九八四年七月二十八日，對塑膠業之演講詞。
❷同❶。

實、可靠。可是，蓋帝每次去油田察看，總會發現一些浪費與不當的狀況，諸如：員工有閒置、浪費的現象；若干工作進度太慢，有的又太快；有些機具太多，有些又太少。此外，蓋帝還發現米勒待在辦公室的時間太多，而在油田現場的時間太少了。

上述這些因素，使得油田的費用上升，利潤減少。蓋帝確信米勒的才幹，但對他的表現不太滿意，於是找他來談話。

蓋帝說：「妙極了！我只不過在油田待一個小時，就發現許多地方可以減少浪費，提高產量，增加利潤，而你竟然看不出來。」

米勒答道：**「因為那時您的油田。油田上的一切，都跟您有切身的關係，那使您眼光銳利，看出一切的問題。」**

米勒的回答，令蓋帝心頭一震。他連續好幾天都在想米勒所說的話，最後他決定做一項大膽的嘗試。

蓋帝告訴米勒：「我打算把這片油田交給你，從今天起我不再付你薪水，而改用油田利潤的百分比付你報酬。換言之，油田愈有效率，利潤愈高，那麼你賺的錢也隨之愈多，你看怎麼樣呢？」

米勒考慮了一下，就欣然接受了。

從那一天起，一切都改觀了。由於油田的盈虧與米勒的收入有切身的關係，他還遣散了多餘的工人，把機具的數量控制得恰到好處，另外又想出更好的作業方法，使工作進度適宜，減少了人力與物力的浪費。而且，以前他每週至少有兩天時間會待在辦公室，如今一個月只有一、兩天會在辦公室。

兩個月之後，蓋帝再去察看油田。他詳細檢查作業的情況，已經找不出任何毛病。結果，油田的費用減少，而產量與利潤都大增。

蓋帝運用人性關切自己的原理，也就是王永慶常說的切身感，使米勒發揮最大的潛能，最後雙方均蒙其利。

鋪草皮工人的切身經驗

王永慶曾以鋪草皮爲例，說明何謂切身感。

很多年前的一個星期天，王永慶到明志工專，看見三個工人在鋪草皮，工作散漫。

王永慶問工人：「學校一天給你們多少工資呢？」

「每人每天六十元。」工人答道。

王永慶又問：「那麼，夠不夠生活呢？」

「當然不夠，只是利用田裡閒暇，多少做一點小工貼補家用。」工人回答。

王永慶說：「假如給你們一倍的工資，也就是每人每天一百二十元，你們能做更多的坪數嗎？」

工人答道：「如果眞的給一百二十元，我們負責做三倍的坪數。」

後來校方眞的付給工人一百二十元，結果工人做了三倍半的坪數。假定每人每天做一坪，原來付六十元，後來做三點五坪，也就是做了二百一十元的價値，付給工人一百二十元，校方多得一點五坪，即多賺九十元。

這個辦法就是使工人產生切身感，因攸關利益，自然會更勤奮。

王永慶又舉例說明切身感的微妙之處。他指出，有許多過去在別家企業服務的人，一旦自己當了老闆，就常會感嘆身旁總是缺少一個適當的人，能夠幫他思考或者解決一些問題。

原因在哪裡呢？王永慶解釋道：「答案很簡單，因爲自己當了老闆，事業的成敗有絕對的切身利害，而身邊的人不是老闆，切身感總有差別，即使請來以前最合得來、最知心的同事或朋友來協助，情況也大多類似。**不是身邊的人笨，而是他的切身感不足。**」❸

運用切身感，激發員工潛能

王永慶也把切身感實際運用在台塑企業內的電梯維修工作上。

台塑關係企業內各單位與長庚醫院的六十九部電梯，本來都委託代理商維護修檢，每年維修費約二十萬美元，有許多代理商因缺乏足夠的專業知識，所以維修工作績效不佳。

因爲如此，王永慶於是設法改善，把六十九部電梯的維修工作收回自

❸王永慶於一九八三年十月二十九日，在美國哥倫比亞大學對華僑之演講。

己做，指定由長庚醫院工務部門的一個七人小組負責。他把七人維修小組組成一個成本中心，每年付給它二十萬美元的電梯維修費用，其中由長庚醫院工務部門抽取三成——即六萬美元，小組一年的實際收入是十四萬美元，由七人平均分配，每人每年可得兩萬美元。

假設小組中的七人，完全以受雇方式工作的話，每人每年大約可獲得一萬美元的工資；改變爲成本中心之後，每人每年收入兩萬美元，增加了一倍，於是產生了切身感，自然盡心盡力把電梯維修工作做好。對公司來說，每年也省下了六萬美元的費用，可說一舉三得。

要創造切身感，說起來簡單，做起來卻非常困難。因爲首先必須就企業內的各個部門，分別建立合理的標準成本。有了合理的標準成本做基礎，才能正確計算各部門所屬人員的努力結果所獲得的績效情形，再按績效給予適度的酬勞與獎勵，這樣才能激發切身感。

標準成本的建立，必須針對各項有關因素深入研討分析，經過再三苦心追求，才有可能做到合理可行。這種研討、分析的工作，除依靠刻苦耐勞的精神外，還要進一步發揮知識的力量，處處追根究柢，實事求是。

切身感在南亞的實效

我們再來看看王永慶把切身感運用在南亞公司國外部的實例。

南亞公司國外部，一九八三年的月平均營業額是二億五千三百萬元，費用成本為一百六十九萬五千元，約等於營業額的○．六七％。

為了激勵工作人員的切身感，以提高效率，並有效拓展外銷市場，王永慶將南亞國外部設定為一個成本中心；並以一九八三年度的營業額與費用成本比率設定標準，凡是營業額增加或者費用節省，或是兩者兼而有之，其因此所產生的利益，從中提供出三成給南亞國外部人員分享。

自從該制度實施之後，效果很快就顯現了。以一九八四年八月的情形為例，營業額增加至三億二千三百萬元，按○．六七％的比率計算，其標準費用成本應為二百一十六萬元，而實際只用了一百四十萬元，差額七十六萬元，其中的三成——二十三萬元，即由南亞國外部同仁分享。❹

❹王永慶於一九八四年十一月四日，對明志工專東區校友會之講話。

切身感在長庚醫院的實效

王永慶還把切身感運用在長庚醫院的營運上。

長庚醫院爲一財團法人機構，無政府預算補貼，必須自行承擔經營盈虧。因此，王永慶在一九七六年長庚設立之時，就考慮到把切身感帶入醫院營運的問題，所以一開始即採行各科責任經營制，也就是各科分包的制度。

長庚將一些大科細分爲更專業的小科，譬如說：眼科、牙科等不但獨立，眼科、牙科下面再細分爲許多小科，每個小科由若干醫師負責經營，獨立計算盈虧。

接下來，經過深入探討分析，訂定各科合理的標準成本。如果各科的經營成本低於雙方訂定的平均成本，即可平分其中的盈餘；如果超出標準成本，則各科要自行承擔虧損。

由於這項制度一味地要求醫院各科降低成本，醫師們曾經有意見。他們認爲，醫院追求成本，藥品與醫療儀器都買差的，會影響醫療品質。

王永慶向他們解釋說：「講求成本，要以維持高品質爲前提。講求成本是要追求它的合理化，諸如：如何提高生產效率、防止人爲疏忽所造成的浪費等等，以求成本的合理降低。儀器要好的，藥品當然也要好的，才有效率。」❺

許多人誤解在長庚醫院實施這套各科分包的責任經營制，一味地追求利潤，說他唯利是圖，事實上，他努力追求的是工作的合理化，一切唯效率是圖。

曾經掌理長庚醫院的王瑞瑜（王永慶的五女）指出，這種制度不但讓各單位發揮自主管理的切身感，有效控制成本，更能避免依年資給薪、忽略績效表現的不公平。❻

王永慶表示，可能因爲各科實施責任經營制，盈虧切身，對待患者態度就像是對客戶一樣，各方面相當周到，所以患者人數非常之多，四個院區都是門庭若市，經常一床難求。❼

❺王永慶於一九六九年對國內企業界的演講。
❻郭大微，〈台塑巨人應變記〉，一九九三年五月號《天下雜誌》。
❼王永慶，《臺灣活水》，一九九七年十一月《臺灣日報社》出版，頁二六〇。

由於長庚醫院採行的制度能激發切身感，醫師們效率很高。在美國，平均一位醫師一天只看五位病患左右，長庚醫院每位醫師一天可以看五十位病人。此外，也因爲經營成本降低，長庚的住院費大約只有美國的十分之一，醫藥費也只有美國的五分之一。❽

另外，長庚醫院製造義齒的人員，一共有十位，可是，一直無法完成全部的工作，一部分必須外包。王永慶也考慮參照前述電梯維修的方式，設立成本中心。經過計算，只要一個人就可以包下全部義齒製造工作。如此一來，工作績效相差達十倍以上，這也是因爲產生切身感的緣故。

使工作績效與員工利害息息相關

王永慶隨後逐步把這套制度帶進台塑關係企業的生產部門。他指出，由於這些創造切身感所產生的效益，促使他們進一步研議在企業生產部門實施的可行性。如果將每一生產工廠成立爲一個成本中心，讓現任的廠長擔當經營者的職責，課長成爲經理人，以下的各層幹部依此類推，由他們負起經營的責任，並且可以充分享受經營績效提升的成果；相信採行這種措施，將能激發全體人員的工作切身感，彼此密切配合，共同爲追求更爲良好的績效而努力。這樣，不但對員工及公司都有利，更重要的，透過這種方式，員工及企業的潛力才能發揮得淋漓盡致。❾

走筆至此，我想以一則發人深省的小故事，做爲本章的結尾。

一對新郎與新娘，在洞房花燭夜看到了老鼠在偷吃米。

新娘對新郎說：「瞧！你們家的老鼠正在吃你們的米呦！」

過了一夜，新娘變成了太太，一早起床，她的口氣全變了，她說：「我們家的老鼠好可惡喔！一夜都在偷吃我們家的米。」

經營企業的訣竅，無非就是把員工腦袋裡「你們」的觀念，有效地轉變為「我們」就行了。王永慶創造切身感的管理制度，無非也是想盡辦法要把「你們」變成「我們」罷了。

---

❽王永慶於一九八四年七月二十八日，對塑膠業之演講詞。

❾王永慶於一九八三年十月二十九日，在美國哥倫比亞大學對華僑之演講。

第九章

重視細節

台塑企業內流傳著一句話：「在王董事長下面做事想要升官發財，必須牢記『重細節、能做事、會聽話』這九字箴言。」可見「重視細節」在台塑受重視的程度。

王永慶的第九個經營理念是「重視細節」，也就是在工作時要從細微末節之處著手，把每一枝節都弄得清清楚楚，並且把每件小事都做到最好。

幾十年來台塑企業內流傳著一句話：「在王董事長下面做事想要升官發財，必須牢記『重細節、能做事、會聽話』這九字箴言。」由此可知「重視細節」在台塑受重視的程度。

台塑創辦人王永慶一向主張，一棵樹要長得枝葉茂盛，必須從看不見與容易被人忽略的根部去下工夫；經營管理要做得好，也必須從平常看不見與容易被忽略的根源處去追求，才能夠理出頭緒，促使各項管理合理化。

基於上述道理，王永慶在監督與評核事情時，針對主管提出每一個問題的細微末節處追根究柢，絲毫不輕易放過每一小枝節；這與一般企業老闆看看報表、聽聽報告就算完事的做法大相逕庭。

看樹根，重細節

許多企管教科書認為，企業負責人要懂得授權與分層負責，只要做政策性的決定，其他事務性的工作交給部屬去辦理即可。**王永慶的做法與教科書上的企管理論出入很大，他大小事情都管，不論政策性或事務性的工作都參與，而且對每件事都追問到根處的細節，鉅細靡遺**，因此有人批評他見樹不見林，說他像一位令人激賞的廠長，而不像是一位卓越的董事長，但**其實他看的是樹根**。

王永慶的回應是，書本上所指的是歐美國家的企業情況。歐美的企業歷史悠久，各種管理均已上了軌道，已經合理化、制度化，企業負責人當然可以只做政策性的決定，而把事務性的工作交給部屬辦理。可是，開發中國家的管理尚未上軌道，負責人若不參與事務性的管理，那公司如何追求合理化與制度化呢？

王永慶說：「我做的不是大政策，我忙的都是點點滴滴的管理，就像如何使表格比較理想等。目前國內的管理現狀尚未達到相當的水準，基礎不夠堅實，經營者只顧及大原則之確立，無論如何是不夠的。」❶

❶王永慶以「談管理必須從根本做起」為題，於一九七九年九月廿九日發表在《經濟日報》上。天下雜誌編輯部，「二王對話」，一九八三年十二月一日出版之第三十一期《天下雜誌》，頁一三八。

有一次，他找了一個單位進行制度、表格、流程的檢討與改善。

該單位有二十人，績效算是好的，經過深入分析後發現：每一個人每天都非常忙碌，但到底忙些什麼？忙得值不值得呢？大家都不太清楚。於是，王永慶選了一個星期天，把二十個人都找出來，從上午九點到下午四點，就該單位整個制度、每一張表格、流程上的每一個「點」（這些都是細微末節）深入檢討研究，重新設計表格，流程也重新安排。結果大家終於瞭解以前盲目忙碌的原因所在，也都同意人員可以減半，並把節省下來的十位員工調到其他單位去發揮。❷

王永慶瞧不起若干不務實、不重細節的企業家第二代。

有一次，他與日本一位年輕接班的企業家第二代洽事。他問那位社長一些問題，社長答道：「我比較專門，大政策我決定，小的我不曉得，我叫那個部長、那個科長來問。」

王永慶說：「老實講，我看不起那位社長。如果高階層人員對事情一知半解，無從審查或指示改善，其經營管理的水準可想而知，更談不上經營者應有的職責了。」❸

不疏漏絲毫細節

五十幾年來，**王永慶經營、管理台塑一向非常重視細節，他管得細、問得細、想得細。**

管的細

到底他管到多麼細呢？

因爲台北與林口之間的交通不太方便，爲了促使往來台塑敦化北路總部與林口長庚醫院之間交通順暢，滿足員工、病患、家屬、訪客等之需要，台塑特別成立泛航通運，它就是台北與林口兩地的交通車。據台塑某主管透露，爲了讓泛航發揮最大載運效果，王永慶曾經參與討論改善兩地之間的交通車時刻表。

❷王永慶於一九七一年八月十五日，在台塑第一期新進幹部職前訓練結訓時，以「企業家應賺管理錢」為題之講詞。

❸狄英，〈王永慶談子女的管教〉，一九八一年八月一日出版之第三期《天下雜誌》，頁二九。

還有，因爲外科醫師若遲到成本很高，通常醫院都採自律，不會把「外科醫師不得遲到」明文寫出來。然而在長庚醫院，則是明訂外科醫師遲到要罰多少錢。

另外，王永慶都是在內部招待所裡宴請客人。他怎麼管招待所的所長呢？當客人吃完飯之後，就把招待所的所長叫來，質問他爲什麼有剩菜剩飯，王永慶對招待所的考核就是既要客人吃得好，又要求不得浪費。這個標準很難達到，他就是管到那麼細。三次做不到，所長就下台。

問得細

到底他問到多麼細呢？

若干年前，塑膠原料供應吃緊，台塑下游某塑膠瓶業者因缺料，緊急向王永慶求援，希望台塑可以緊急供料。在普遍供不應求的情況下，王永慶只能盡可能滿足大家的需要。但爲了公平起見，王永慶派主管赴該塑膠瓶工廠，實際去瞭解要供應多少塑膠原料才夠。該主管從工廠的產能、營業額、算到實際產量、每瓶重量之後，得出該供應的塑膠原料。沒想到一回來，馬上被王永慶問倒了，因爲該主管沒算到瓶蓋與標籤。

還有，一張椅墊用的PVC泡棉，王永慶就會追問到來源、價格、品質、機器、原料、工資、消耗等等。❹

想得細

接下來，他想得有多麼細呢？

一九八〇年九月間，臺灣政府計劃籌設年產二十萬輛的汽車廠，條件是其中一半（十萬輛）必須出口，而且自製率要達到七成，藉此希望建立臺灣的汽車工業。

當時日本的日產汽車公司依上述條件向臺灣政府提出申請。有一天，日產汽車副社長與日產汽車臺灣代表人辜寬敏連袂去拜訪王永慶，洽談汽車製造的事情，問他是否有意加入。

王永慶直截了當告訴他們，年產二十萬輛的汽車廠以當時條件不可能

❹詳情請參閱本書第四章〈追根究柢〉，頁九四至頁九五。

建成，主要的原因有兩點：

第一，年產二十萬輛，其中十萬輛必須出口。王永慶認為，要製造能出口的汽車，一輛不能超過新台幣十萬元❺，而且品質要達到相當的水準。以當時臺灣生產的汽車，品質差價錢又貴，根本沒任何條件能製造出一輛造價新台幣十萬元可以出口的汽車。

第二，一輛汽車有一萬多個零件，而且每一個零件的品質都要符合國際的水準，才能組合成一輛汽車外銷。以當時臺灣一百多家汽車零件的製造水準，仍然未達國際水準，不是價格偏高就是品質不良，這種情形如何滿足臺灣政府自製率達到七成的要求？

對於臺灣的汽車工業，王永慶想的不僅於此，他想得更細密、更深入。他接著告訴日產汽車的副社長與辜寬敏，有一個辦法能讓台日雙方合作從事汽車工業：

一、台方向日方買汽車。每兩輛汽車日產以日幣一百二十萬元製造供應，當時折合美金約五千四百元。

二、日產必須將汽車所有一萬多個零件列出明細表，然後台日雙方共同查核，假設臺灣汽車零件製造廠能夠製造的加上組裝費用，每輛汽車約七百美元，兩輛則是一千四百美元。

三、原先台方向日方買兩輛車需付日方五千四百美元，扣除臺灣自製零件與組裝費一千四百美元，那麼仍需付日方四千美元。

四、台方以四千美元向日產買進的兩輛車，其中一輛以二千五百美元（以當時幣值約新台幣九萬元）出口，另外一輛留在國內需花費外匯一千五百美元（四千美元扣掉二千五百美元後得一千五百美元）。

五、台方雖然僅賺取一千四百美元，但是要賺取這一千四百美元的零件與組裝費用，除非改頭換面、精益求精，達到國際水準、物美價廉的條件才辦得到。這麼一來，臺灣的汽車工業才能逐步建立起來。

---

❺印度塔塔集團在二〇〇九年三月推出一款名為Nano的小車，售價只有新台幣六萬六千元。

他這種台方向日方買車的合作方式，**一方面能達到臺灣政府規定一半要出口的要求，另一方面能扶植臺灣汽車的零組件與裝配業，逐步建立臺灣的汽車工業。對日方而言，賣汽車給臺灣亦有利可圖。**由此可知，王永慶只要想一件事情，想得有多麼細。

海爾集團專注細節、創造卓越

不過「重視細節」並非是王永慶的專利，中國經營卓越的海爾集團董事長張瑞敏也是一位非常重視細節的企業家。

海爾集團是中國最大的家電製造業，二〇一〇年營業額高達一千三百五十七億人民幣。同時，它還是世界第四大白色家電（冰箱、洗衣機、空調等）製造商，中國最具價值品牌首位（品牌價格高達一百六十億美元）、中國購買者滿意度第一品牌。

海爾集團創立於一九八四年，短短二十幾年的時間，從小冰箱製造廠發展到中國家電的第一品牌，其成功的主要因素在於張瑞敏「專注細節、創造卓越」的經營理念。

海爾原本是一家管理得一塌糊塗的公司，張瑞敏於一九八五年入主之後，製訂了四十九項工作標準、一千零八項技術標準，以及一百二十一項工廠管理準則，從每一個細節處嚴格要求。爲了確保產品的品質，他還特地編寫了一本十萬字的「產品品質保證手冊」讓員工精心研讀。

除此之外，海爾從上到下，從裡到外，從生產、銷售到服務，每一個環節都力求嚴謹、一絲不苟，務必要做到環環相扣，毫無差錯。舉例來說，海爾每一條生產線都有質量控制台，每一質量控制台都有質量跟蹤單，產品都建立詳細產銷檔案，若產品到客戶手裡出了問題，即可憑著產品的出廠紀錄追查問題的原因與該負責的人員。

張瑞敏爲了貫徹嚴（嚴格）、細（細節）、實（實在）、恆（恆心）的四大要求，他曾告誡員工們說：「如果讓一個日本人擦桌子六次，日本人會不折不扣地執行，每天都會堅持擦六次；可是如果讓一個中國人去做，他在第一天可能擦六次，第二天也可能擦六次，但到了第三天，可能就會擦五次、四次、三次，到後來就不了了之，隨便擦擦，應付了事。」❻

張瑞敏強調，**把每一件簡單的事做好，就是不簡單；把每一件平凡的事做好，就是不平凡。**❼

時下許多大學畢業生，到企業任職之後，都希望能獨當一面做大事，而不屑去做一些小事、簡單的事，殊不知你若連一些簡單的小事都做不好，怎麼有能力去擔當重任、做那些複雜的大事呢？

從簡單事做起，從細微處著手

對於「重視細節」這檔子事，我們的聖賢老子說得最精闢，他說：「天下難事，必做於易；天下大事，必做於細。」意思是：天下之間再困難的事，都必須從簡單的事情做起；天下之間要完成的大事，都必須從細微末節之處著手。

老子還說：「治大國若烹小鮮。」意思是：**治理一個大的國家就像在烹煮小魚一樣，必須從頭到尾留意細節、注意火候，這樣才能把一個國家治理好。**❽

從經營管理的角度，把這句「治大國若烹小鮮」詮釋得最好的，就是美國企業界的管理天才哈羅・季寧（Harold Geneen）。

季寧於一九六〇年擔任國際電話電報公司（International Telephone and Telegraph Company，簡稱ＩＴＴ）總裁，當時ＩＴＴ營業額僅七億六千萬美元，利潤只有二千九百萬美元；到了一九七七年季寧退休時，營業額爲一百六十億美元，利潤高達五億六千萬美元。十七年來，營業額與利潤成長了約二十倍，其間有十四年半的時間，每年的成長都超過一〇%。

他在美國企業界地位崇高，被視爲繼美國通用汽車總裁艾弗烈・史隆（Alfred P. Sloon, Jr.）之後最傑出的實力派經營者。他認爲，學院派所傳授的管理理論、公式及經營檢核表，在企業界根本不管用；因爲企業不是科學，沒有一成不變的定律，它與任何生命體相同，是千變萬化的，所以

---

❻高占龍，《節儉管理》，二〇〇六年五月霍克文化公司出版，頁八二。

❼同❻。

❽老子的「治大國若烹小鮮」，一般都解讀為：治理大國要像煎小魚一般，不可隨意翻動。這與筆者所解讀者大不相同。

不能套用任何管理理論、公式或經營檢核表。

季寧依據充分資訊、豐富經驗、邏輯推理，還有本能與直覺來下決策。他在ＩＴＴ的十七年中所處理過的問題比其他任何一家大企業都要多，其中許多都是小問題，因爲把小問題處理好了，就不至於釀成不可收拾的大問題。

他說：「我們根據手頭上的資訊做成較佳或較差的決策，我們從不敢說某個決策絕對正確無誤，但我們從決策過程中學習，我們累積的經驗越來越多，我們對自己的能力越來越有信心，也越來越能迅速而高明地處理越來越複雜的問題。」❾

季寧認爲，**企業要經營成功，既無公式也無祕訣，但其最好的方式就如同「使用傳統的木柴爐子來烹飪」，其中的要領就是：盯緊細節。**

當你用傳統的木柴爐子來烹飪時，因爲你知道無法控制火勢、木柴與空氣，所以你會盯著爐子，留意可能發生的狀況。你大致會照著食譜去做，但你會加上自己的意見，多一點醋與醬油，少放一點鹽巴，然後緊盯著鍋子，觀察烹煮的情形。你再用鼻子聞聞、嘴巴也嚐嚐，最後可能放點味精，以符合自己的口味。

你的眼睛一定不會離開鍋子，因爲你不願由於去做別的事，而把這鍋紅燒牛肉燒壞了。當烹煮完成時，你就有一鍋香噴可口的紅燒牛肉，其味道之鮮美，絕非完全依照食譜或用微波爐烹飪所可比擬。

季寧指出，經營企業就好比用木柴爐子燒牛肉，從頭到尾要專心盯著做；沒有理論，因爲按食譜燒出的牛肉不合你的口味；也沒有公式，因爲用微波爐燒出的牛肉總覺得不夠香甜；只要盯緊細節、敏於行、邊做邊改，最後就能成功。[10]

我認爲季寧的這一段話，正好就經營管理的角度，對老子「治大國若烹小鮮」做出最佳詮釋。而且從季寧的談話中我們深刻體會出，「治大國若烹小鮮」的精髓就在：盯緊細節、一絲不苟。

---

[9] 季寧與莫斯考合著，尉騰蛟譯，《季寧談管理》，一九九四年八月，長河出版社出版，頁三五至三六。

[10] 郭泰，《從杜拉克到郭台銘的一〇一智慧》，二〇〇六年四月一日遠流出版公司出版，頁三一一。

跑步二十年，簡單事變得不平凡

在本章的最後，筆者要舉王永慶跑步的實例，來回應海爾集團董事長張瑞敏所說「把每一件簡單的事做好，就是不簡單；把每一件平凡的事做好，就是不平凡」這句話。

跑步是一件既簡單又平凡的事情，然而王永慶卻持之有恆，把它做到既不簡單又不平凡。

王永慶從六十二歲起開始晨跑。他每天清晨兩點半起床，不論再冷的天，或是刮風下雨，晨跑從沒間斷過，即使出差國外，甚至感冒生病，也不例外。

他慢跑的地點就在南京東路四段台北市立體育場，後來改在台塑頂樓空中庭院。剛開始，他跑體育場十二圈，一圈四百公尺，十二圈就是四千八百公尺；以後，慢慢增加到每天一萬公尺；後來，醫生說他太瘦，必須減少運動量，才又改回每天跑五千公尺。王永慶持續跑了二十年，在聽從醫師建議減少過度運動的情況下，於八十二歲才停止跑步。

王永慶持續了二十年，每天跑五千公尺，他帶著主管跑，主管也帶著部屬跑，久而久之，五千公尺的長跑成為台塑的企業文化。

因為台塑的主管都必須承擔沉重的工作壓力，所以沒有強壯的體魄無法勝任。為了考驗台塑集團內經理、主任、特別助理、廠長、處長、組長、高級專員等一級主管的體力與耐力，在每年一度的「台塑企業運動大會」裡，王永慶都要親自點名，並率領一級主管們進行五千公尺競賽。此項跑步既是考驗，也是一年一度的健康檢查，倘若平時疏於運動、體力不足，絕對跑不完全程。

王永慶說：「跑步很苦也很枯燥，但是為了身體的健康，就必須持之以恆地跑下去；久而久之，就會感覺像是日常的工作之一，而不覺得辛苦了。」⓫

像跑步這麼簡單平凡的事，若能持續二十年的話，自然就會變成既不簡單又不平凡的事了。

⓫郭泰，《王永慶奮鬥傳奇》，二〇〇五年七月一日遠流出版公司初版，頁一〇八至一〇九。

第十章

事事合理化

王永慶要求的「事事合理化」，也就是說無論做什麼事情，務必要做好、做全，一切合乎情理，達到「沒有最好，只有更好」的至善境界。

王永慶的第十個經營理念是「事事合理化」，也就是說無論做什麼事情，務必要做好、做全，一切合乎情理，達到「沒有最好，只有更好」的至善境界。

當王永慶在世時，常有人會請教他台塑經營成功的秘訣，他總是輕描淡寫地答道：「追根究柢，實事求是，點點滴滴求其合理化。」❶「合理化」其實聽起來有點抽象，舉一個實例來說明就非常具體了。這個故事是由目前擔任南亞塑膠董事長的吳欽仁說出來的。❷

在日常生活實踐「合理化」

一九七九年時，王永慶為解決PVC原料缺乏的問題，在美國德州休士頓買下一家石化廠，並計畫將它籌建為一家全世界規模最大的PVC原料塑膠大廠。

當時吳欽仁擔任台塑工務部經理，他與若干台塑人員一起被派到美國德州休士頓建廠。在建廠期間，大家都吃不慣外國廚師烹煮的食物，王永慶知道此事之後，特地從高雄縣仁武鄉聘請一位徐姓廚師，遠赴美國爲他們煮三餐。

那時，王永慶每隔兩、三個月都會去德州巡視進度，並給建廠人員加油打氣。因台塑美國公司當時還沒有招待所，王永慶抵達時，也沒去住飯店，而是與建廠人員住在工地，共用三餐。

王永慶很喜歡在早餐時用鹹魚配飯或粥，可是休士頓市內沒有賣鹹魚，於是徐姓廚師特地開兩個半小時的車到休士頓的中國城，挑選了幾條從日本進口鮭魚醃製的鹹魚回到工地，早餐時煎得香噴噴上桌給王永慶配飯。沒想到，王永慶知道鹹魚取得的過程後，從頭到尾都沒去碰那盤鹹魚。

廚師見此情形，非常緊張地跑去問吳欽仁說：「怎麼辦？董事長不吃！」

吳欽仁一聽就知道是怎麼一回事。於是，他向廚師建議，到附近河裡

❶郭泰，《王永慶的管理鐵鎚》，遠流出版公司一九八六年六月初版，頁一八。

❷吳欽仁，〈重視制度化，堅持合理化〉，發表於二〇〇八年十一月九日。

去釣一些魚，殺乾淨後用鹽巴醃漬，隔日一大早就煎給王永慶配飯。翌日一早，煎妥鹹魚後，廚師向王永慶說明魚的來源，王永慶欣然夾起鹹魚，吃得津津有味，邊吃邊問道：「好吃，還有沒有？」

這雖然是一件微不足道的小事情，卻充分展現出王永慶事事追求合理化的精神，不但在工作上全力要求，而且以身作則，落實在日常的生活細節裡。

王永慶認爲，開兩個半小時的車才買到鹹魚，買的又是進口貨，不但浪費時間，而且浪費金錢，完全違背「合理化」的原則，因此他堅持不吃；然而附近釣回醃漬的魚既經濟又實惠，當然是欣然享用啦！

跑步的合理化

我們再從王永慶最喜愛的運動——跑步——去瞭解什麼是「合理化」。

大家都知道，王永慶從六十二歲開始晨跑，每天跑五千公尺，二十年如一日。

平常經營企業，王永慶講究合理化；每天跑步，他也講究合理化。對那些平日晨跑、但每逢下雨就停跑的人，頗不以爲然，他說：「好多人平常每天跑步，下了雨、地上積了一點水就卻步，這是沒有道理的。」❸

他所持的理由是：跑步以後就會流汗，身體會被汗水浸溼，這跟雨水淋溼沒什麼不同。因此，即使頭上雨下個不停、地面上溼溼的，還是可以跑步。平時每天跑步、逢下雨就不跑的人，就是沒有把「跑步」這件事合理化了。

這是跑步的合理化。

台塑的合理化

讀完上述王永慶吃鹹魚與跑步的合理化故事之後，我們再來看看王永慶如何在台塑進行事事的合理化。台塑的合理化是全面性的，小到原子筆

❸一九八〇年元月廿七日，王永慶以「論篤行與求本的重要」爲題，在明志工專校友聯誼會的談話。

芯、廁所用水，大到建廠、採購都是合理化的範圍。我們就從成本、建廠、人員、採購、利潤等五個大方向來探究。

一、成本合理化

王永慶曾說：「經營管理，成本分析，要追根究柢，分析到最後一點，我們台塑就靠這一點吃飯。」[4]

他所謂「成本分析，要追根究柢，分析到最後一點」，指的就是他念茲在茲的單元成本分析。

臺灣一般企業使用的是單位成本（unit cost），他們把單位成本區分爲固定成本與變動成本，固定成本是指在一定業務量和時間範圍內，其總額不隨業務量變化而變化的成本，譬如：工廠租金、機器折舊、廣告費用等；而變動成本與固定成本相反，是指在相關範圍內隨著業務量的變動而變動的成本，譬如：直接人工、直接材料等，僅僅分析到此爲止。

單元成本分析就是，把成本分析到影響成本因素的最根本處。以財務費用爲例，就應再分析爲原料的財務費用、製造的財務費用、成品的財務費用、營業的財務費用等等。這是一個不斷分解的過程，好比物理學中所講的分子到原子、原子到中子，一直分解到無法分解爲止。

王永慶說：「構成一項產品的單元成本可能有數千種，每一種有它發生變化的不同因素，我們要追蹤現狀是否合理。只有這樣徹底地將有關問題無分鉅細一一列舉出來檢討改善，才能建立一個確實的標準成本。」❺

標準成本建立之後，透過電腦異常管理系統，把標準成本與實際成本互相勾稽，找出彼此差異所在，再針對差異部分可控制項目深入分析檢討，制訂出改善對策。最後，再依改善效益設定新的目標值。如此周而復始，務必使成本達到合理化的程度。

臺灣知名的企管教授陳定國，曾經服務於美國台塑JM公司多年。根據他的深入觀察，王永慶講究的單元成本是「剝五層皮」，是層層深入分析，連生產一磅塑膠管要幾分錢的電費、水費、工資等，都要仔細計算出

❹狄英，〈王永慶談美國投資設廠〉，一九八一年八月一日出版之第三期《天下雜誌》，頁三一。

❺郭泰，《王永慶給年輕人的8堂課》，遠流出版公司二〇〇五年五月一日初版，頁一五六至一五七。

來。❻

台塑生產的每一克PVC粉與台塑石化提煉出來的每一滴原油都有其單元成本。其實，單元成本的精髓就在：經由層層剖析計算成本的過程，找出各種人、事、物各方面的不合理處，再設法加以改善，使其成本合理化。

二、建廠合理化

許多人可能不知道，王永慶爲了追求建廠合理化，台塑許多廠房是自己蓋的，廠房裡的許多設備也是自己生產的。

從台塑創業之初，王永慶就非常重視培養與建廠房、製造機器設備等工程機械人才。長年以來，台塑一直擁有數百位這方面的工程師，每個人都有非常豐富的實務經驗，陣容非常堅強。

一般認爲，石化工業的中間原料廠所需之機器與設備非常精密，事實上並非如此，其所需要的機器與設備，半數以上都是管路、氣槽、乾燥機等不需要很精密的設備。

所以，當一九八〇年王永慶在美國德州休士頓籌建全世界規模最大的PVC塑膠工廠時，從策畫、設計、安裝、施工、試車完全由台塑一手包辦，所有硬體設備都由台塑工程機械人才在臺灣製造完成後，再運到美國安裝。結果，它的建廠成本大約只有美國人所需的六二．五%、日本人所需的七五%，達到台塑建廠合理化的要求。

該廠於一九八二年十一月順利生產，並在一九八八年不但被德州環保局評定爲模範工廠，而且經過擴建，產能大增，已達年產EDC四十萬噸、VCM三十六萬噸、PVC四十萬噸的大廠。連美國首屈一指的道氏化學（Dow Chemical）總裁在參觀該廠後，都對其高效率讚賞不已。

我們再看看台塑位在雲林麥寮的六輕。該工業區的面積達二千六百零一公頃，其中的八成是台塑填海造地得來的。六輕工程主要包括煉油廠、輕油裂解廠及其相關六十二座石化工廠、汽電共生廠、發電廠、機械廠、鍋爐廠、矽晶圓廠、彈性纖維廠、電漿顯示器廠、麥寮工業港等，每年的

❻宋秉忠，〈台塑能，臺灣不能？〉，二〇〇五年一月出版之第二二三期《遠見雜誌》。

煉油能力達二千五百萬噸，乙烯的年產量達二百九十三萬噸。

大家一定都沒想到，規模如此龐大的煉油石化工業區，竟然有九○%的機器設備是台塑自己生產製造的，剩下的一○%進口部分僅包括關鍵的泵、閥以及電腦控制設備。

事實上，像台塑六輕這麼大的工程，全世界沒有任何一家公司能夠供應整套的生產設備。倘若仰賴國外供貨，台塑必須向許多國家採購，訂貨週期長，價格高昂，買來又要組裝測試，不符建廠合理化，於是台塑決定自己製造。在塡海造地完成後，首先蓋的是台塑重工，廠房建好之後，台塑重工就陸續製造台塑煉油與石化所需的設備。

台塑於一九九四年動工興建六輕，投資新台幣六千五百二十八億元[7]，從策畫、設計、安裝、施工、試車也是由台塑一手包辦，歷時十年完成。此一大工程與採購國外設備相較之下，成本降低了四○%，這是典型的建廠合理化。

另外，王永慶認爲，在景氣低迷之時反而是建廠良機。不論是一九八○年美國德州休士頓建廠，還是一九九四年興建六輕，都是選擇石化景氣很差的時刻動工。

王永慶認爲，在經濟蕭條時建廠，成本較低，人工與材料都便宜，可增加產品的競爭力；而且，經濟景氣的好壞，大都循一定的週期在運轉，通常興建一座現代化的化工廠約需一年半到兩年的時間，在經濟蕭條時建廠，等到建廠完成時，市場景氣又處在逐漸復甦中，正好趕上時機。這也是建廠合理化。

三、人員合理化

對台塑而言，人員合理化就是人員的精簡。

王永慶一向認爲，任何單位若違反精簡的原則，必導致組織鬆散、效率低落。他表示，一個人必須避免肥胖，才能手腳靈活，身體健康；同理，企業必須精簡人員，非但可以節省浪費，還可提高員工的士氣與工作效率。

❼合計六輕工程一至四期總投資金額高達新台幣六五二八億元。

對於精簡人員，王永慶曾公開說：「爲了提高工作效率，因應不景氣的衝擊，台塑企業預計使同一生產單位的人數減少原來的三分之一，甚至二分之一。」❽

爲了使人力能夠充分利用，台塑訂定了標準工作量。以一天上班八小時、實際工作時間八成來計算，每天六點四小時，那麼，每人每月（以二十五個工作天計算）便應該有一百六十小時的工作時間。

以台塑的修復人員爲例，由於修復人員所做的工作均需塡寫修復單，詳細記載修復之設備、部位、工時等，所以評估人員將一個月修復單上的工時相加，若超過一百六十小時，便有績效獎金，若不到一百六十小時，就得檢討。

評估人員針對台塑二千三百多位修復人員的實際工時進行相加，結果發現低於標準。到底是因爲修復人員工作不夠努力呢？還是因爲修復工作原本就不需要那麼多人呢？經過檢討後台塑決定，一方面要求修復人員每月必須達到標準工時；一方面大量裁員，大約要裁掉四成，也就是九百二十人。

台塑精簡人員的過程非常謹慎，通常由總管理處要求所屬各事業單位進行該部門所屬人員的工作檢討，在檢討過程之中提出「人員合理化報告書」，再將報告書送到總管理處審核，總管理處有專門人員對下屬單位進行評估，最後由總管理處確定該下屬單位合理的人數。

台塑各事業單位的主管爲了滿足公司人員合理化的要求，在用人的數量上極爲謹慎。舉例來說，一個編制爲十個人的單位，該部門主管通常只用九個人，甚至八個人；而且在人員出缺補人之際，必定先檢討每個員工的生產力與整個單位的效能，經過再三斟酌，若非十分迫切需要，主管不會把編制的十人補滿。

四、採購合理化

台塑關係企業每天至少有六百件採購案，近年來每年的採購金額高達新台幣五千億元，若節省二%，那就是一百億，若是以台塑較其他企業節

❽劉蓮枝，〈大企業的裁員模式〉，一九八六年二月一日出版之第七期《統領雜誌》，頁一一〇。

省二〇%來計算，那就是一千億，數目驚人，因此台塑非常重視採購合理化。

爲了達到採購合理化，台塑設計了一套三個部門互相制衡的採購制度：

（一）請購部門：這是指各事業單位的需求方，各個生產工廠若有某種需要，即按公司的規定，塡寫請購單送到總管理處採購部。

（二）採購部門：這是指總管理處採購部。

1.首先，採購部把各事業單位的請購單匯總、分類並且統計需要的數量。

2.其次，採購部利用電子商務或直接談判的方式，向供應廠商詢價，包括品質要求、價格、交貨期限等。

3.詢價工作做完之後，採購部無權決定是否購買，得把獲得的詢價資料送到總經理室資材審核組。

（三）審核部門：這是指總經理室資材審核組。

1.資材審核組由經驗豐富的資深員工所組成，他們不能接觸任何供應廠商，地位超脫，只負責審核，不負責執行。

2.對請購單位而言，此部門有權審核你要購買的理由，請購內容是否寫清楚？所請購的規格是否符合實際需要？審核組只要有異議，有權把請購單退回請購單位，要求補充說明，直到他們滿意爲止。

3.對採購單位而言，此部門有權審核供應廠商的信譽、供貨能力、品質、技術水準等等，若有疑問，審核組有權退回，或要求採購部補充說明到他們滿意爲止。

(四)行政中心：這是指最高權力的總裁、副總裁。

1.經過資材審核組審核通過後，再把請購單報到最高層的行政中心。

2.依照公司授權規定，需要總裁或副總裁核可的，再送交總裁或副總裁審核。

3.經過審查核可之後，再把請購單送回到採購部。這時，採購部才能前去採購。

從上述的說明中可知，台塑的採購流程是由三個部門互相制衡的，而且任何一個人或一個部門都不可能獨自決定一個採購案。

爲了符合採購合理化，台塑十分偏重集中採購，每年集中採購的比例高達九五%，其項目包括：設備機器、建築用材、原材料、輔助材料、燃料、辦公用品、生活用品、醫療用品等等。台塑規定，在四個月之內只要有兩次採購就得集中採購，只有偶爾需要的零星採購才允許單獨採購。

集中採購最大的優勢是採購的量夠大，因爲量夠大，讓賣家可以達到規模生產，因而降低製造成本，買家才能得到相對的低價。

曾任職於美國台塑公司的企管教授陳定國有感而發地說：「王永慶是採購的第一好手，非常地厲害，很懂得從採購來賺錢。」❾

五、利潤合理化

除了前述的成本合理化、建廠合理化、人員合理化、採購合理化之外，王永慶還有一個非常獨特的利潤合理化。

通常企業追求的都是利潤最大化，王永慶認爲利潤最大化是短期的、不合理的、不能長久持續的，因此台塑不追求利潤最大，而是追求利潤合理化。

王永慶這個觀念來自臺灣一句土話：「賣也要吃，買也要吃。」此話的意思是說：做生意的雙方，都希望從交易中獲取利益，因此，賣方在做生意時，除了考慮自己的利益，也必須同時替對方設想，讓其亦有獲益，如此生意才會長久。簡言之，就是賣方在賺錢的同時，一定要讓買方有利可圖。

王永慶的主張是，做生意絕對不可投機取巧，占客戶的便宜。因爲如果你賣他貴一點，使他無利可圖，甚至很難生存，他就不會繼續再買你的東西了。

根據前監察院長王作榮的觀察，王永慶與下游產業的關係，有一套獨特的哲學。王永慶會精確地計算出下游工廠的確實成本，據以訂出雙方合作的價格，但總是讓下游工廠有合理的利潤，絕不利用獨占原料的優勢剝

❾陳昌陽，〈向台塑取經〉，二〇〇五年五月一日出版之《經理人月刊》，頁七二。

削他們，精明而不刻薄。

一旦上游的原料漲價（或原油漲價或台幣升值），台塑不會轉嫁給下游，漲價部分自行吸收。王永慶認爲，下游是台塑的衣食父母，若是把漲價部分轉嫁給下游，下游無利可圖就死了。

這就是台塑的利潤合理化。

最後，筆者要用一個小故事做爲本章之總結。

有一次，有一家銀行派人到台塑找王永慶對保，承辦人員見到王永慶後，就請他在對保單上簽章。

台塑的王永慶，雖然親自見過他的人不多，但在報紙、雜誌、電視上應不難見過他。因此，大部分的人對他都應該留有相當的印象。這位行員親自見到王永慶簽字後，很放心地收回保單就道別了。

誰知道，第二天，王永慶打電話給這家銀行的經理說，昨天的對保不算，理由是手續不全：因爲對保人員沒有核對他的身分證，證明他就是王永慶。所以，請銀行再派人前往對保。

從這件小故事，就可知道王永慶要求事事合理化的程度了。

第十一章

客戶至上

客戶能夠生存發展下去，賣方企業才有發展的餘地，買賣雙方的關係唇齒相依。關心客戶的發展前途，也等於關心自己企業的發展前途。

客戶就是市場

一九八六年三月四日，當代管理大師彼得．洛倫奇（Peter Lorange），和王永慶在《經濟日報》展開一場經營管理的對談。

洛倫奇對王永慶說：「歐美有許多公司犯了一項大錯誤，就是太注重所謂市場，卻忽略了要先瞭解客戶。因爲瞭解客戶的需求，才會使公司尋求出更正確的業務推進方法。」

王永慶同意道：**「什麼是市場？客戶就是市場嘛！不掌握客戶，就沒有市場。」**❶

「客戶至上」是王永慶的第十一個經營理念。在商場上，我們常聽人家說「顧客是王」、「客戶永遠是對的」，爲什麼客戶一定至上呢？王永慶以付錢和收錢的妙喻來說明，他指出，付錢的（指客戶）一定是拿著錢在上面，收錢的（指賣者）一定是伸手在底下接，手在底下接是表示禮貌；絕對沒有倒過來的，倒過來就拿不起來了。❷

王永慶的兩大主張

基於「顧客至上」的體認，王永慶提出下列兩大主張。

一、兼顧顧客利益

他指出，對於原料的供應者而言，只求一己的片面利益，而不顧及客戶經營的需要，絕對無法追求到眞正的最大利益。**台塑企業在經營理念上一向堅信，唯有能夠妥善兼顧顧客利益，自己才能從中求得最大的利益。**

王永慶說：「中國人的祖先說過，眾人皆知『取』之謂『取』，但大多不知『與』之謂『取』。經營企業如果只做單向思考，一味要從客戶方面求『取』自己的利益，實際將無法『取』得最大的利益。唯有懂得適度給『與』顧客利益，幫助他順利發展，使彼此的業務都能持續擴充，循此

❶一九八六年三月五日《經濟日報》第二版。
❷一九七一年十月十六日，王永慶在第五期新進幹部職前訓練結訓時的講話。

途徑才能眞正『取』得自己的最大利益。」❸

二、紓解客戶困難

他指出，在一九八六年前後，新台幣大幅升值，對下游加工客戶的產品外銷造成嚴重困境，台塑企業爲了紓解客戶困難，在供應原料價格上主動吸收升值的匯率差。

王永慶說：「採取此一措施以後，在數年之間，我們總共減損了大約新台幣一百億元左右的淨利。這對台塑而言，負擔確實非常沉重，但是爲了協助客戶擺脫困境，我們毅然而爲，結果對於客戶的助益極大，也穩住了整體業界（包括台塑企業本身在內）的經營根基。」❹

由於客戶能夠生存發展下去，賣方企業才有發展的餘地，買賣雙方的關係唇齒相依。關心自己企業的發展前途，一定也需關心客戶的發展前途；反過來說，關心客戶的發展前途，也等於是關心自己企業的發展前途。這就是王永慶所說「**賣也要吃，買也要吃**」，以及「客戶至上」的道理所在。

王永慶經常勉勵業務人員要瞭解「客戶至上」的道理。他說：「臺灣有一句俗話：『賣也要吃，買也要吃』，買賣雙方都是要追求最高的利益。業務人員必須要瞭解『客戶至上』的大道理，他受雇於公司，本來要百分之百站在公司的立場，一心一意爲公司謀求利益，現在要做公司和客戶的橋梁，是否要各分五〇％？不是這樣，既然『賣也要吃，買也要吃』，業務人員就應站在中間做橋梁，要爲兩方各追求百分之百的利益才對。」❺

舉凡民生所需的各種產品都要透過業務人員，才能順利把產品從生產者轉送到消費者手中。所以，業務人員是公司和客戶之間的橋梁，一定要站在兩者的中間，使買賣雙方都居於平等的地位。

---

❸王永慶，《王永慶談話集第一冊》，二〇〇一年一月十五日《臺灣日報》出版，頁一六七。

❹同❸，頁一六六至一六七。

❺一九八二年三月二十四日，王永慶對營業主管人員的講話。

滿足客戶的四要件

業務人員爲了要能滿足客戶的需求，王永慶提出下列四個必要條件，缺一不可。

一、價錢要公道，為了配合客戶的需要，甚至要壓低價格

王永慶表示，在自由競爭市場，商品價格完全由市場的供需來調節。如果沒有辦法競爭的原因是售價偏高，業務人員一方面要向公司報告，另一方面要設法穩住客戶，促使他暫時不向別處交易。同時，籲請公司答應降價求售。而公司當局爲求產銷平衡，一方面答應降價，另一方面爲了保全一定的利潤，就必須全面研討降低成本的可行性。❻

二、品質要符合水準，而且確保穩定

王永慶指出，價廉而物不美的產品，在市場上一定會慢慢遭到淘汰。大體來說，品質的優劣，根本上涉及科技及工業水準，業務人員可將產品

的變化進步情形，隨時反映給公司當局，使其認識時代的進步並追求改善；此外針對現狀，當客戶發覺產品有異常時，業務人員應該迅速謀求合理解決。❼

三、交貨期要準確

王永慶認爲，台塑企業大多供應加工客戶，如果交貨拖延，或者客戶需要使用多種原料，而其中一種原料沒有按時交貨，就會造成客戶斷料停工的重大困擾和損失，因此，有責任感的業務人員一定會想辦法來防止類似情況的發生。❽

❻王永慶，《談經營管理》，一九八四年六月十五日，經濟與生活出版公司五版，頁一六四。
❼王永慶，《談經營管理》，一九八四年六月十五日，經濟與生活出版公司五版，頁一六四。
❽同❼，頁一六五至一六六。

四、服務必須周到

王永慶指出，業務人員基於站在公司和客戶之間擔任橋梁的角色，必須去瞭解客戶有多少的設備？製造什麼產品？依照客戶的設備產能，每個月合理的原料用量應該是多少？他的產品品質以及成本、售價情形又如何？瞭解這些以後，我們就會知道應該在哪些方面加強對客戶的服務，或者是再爭取交易數量。❾

把客戶的訴怨當成「寶」

有鑑於服務必須周到，王永慶把客戶的訴怨當成「寶」。

他表示，同種類的商品，日本貨比我們賣到更好的價格，原因就是他們的品質比較好；而他們的品質之所以比我們好，就是因爲他們把客訴（客戶的訴怨）當成「寶」，當做改善產品品質的重要參考資料。可是，當我們一接到客訴，臉色就變了，而且常常不了了之。

王永慶說：「身爲營業人員萬一遇到產品品質不符客戶要求的事件時，應該在客戶面前擔當起來，誠懇地道歉，並立即設法調換或謀求其他解決辦法，回頭再反映給工廠要求改善，千萬不可在客戶的面前數落工廠的不是。」⑩

爲了服務客戶並且拓展業務，王永慶特地蓋了一層具有「展示屋」意義的招待所。

台塑的「台北招待所」座落在台塑大樓後棟的第十三樓，佔地將近四百坪，分客房與餐廳兩大部分。客房部有單人、雙人、三人、貴賓房等共十八間，還有供應早點的交誼廳；餐廳部有一間招待室、兩間貴賓室，其他陳設與一般餐廳相仿。

多年來南亞公司不斷地在開發系列的建築與裝潢材料，包括：舒美地毯、舒美壁紙、塑鋼門窗、塑膠壁板、PVC硬質板、華麗地磚等，以

⑨同⑦，頁一五六。

⑩王永慶，《談經營管理》，一九八四年六月十五日，經濟與生活出版公司五版，頁一六四。

及，各式的組合家具，產品種類眾多，所以，招待所內部的裝潢，就充分利用南亞所生產的各類建材。

在招待所內，地上鋪的是舒美地毯或台麗地毯；牆上貼的是舒美壁紙；窗框用的是塑鋼門窗，並用立式百葉窗簾；天花板用的是塑膠壁板。家具方面，無論是床鋪、書櫃、寫字枱，都由南亞組合家具構成；南亞陸續開發成功的桌椅，也放置在招待所內各處。

在這一層招待所內，舉目所見都是南亞的產品，所以，當台塑的客戶投宿到招待所時，就像置身在一座活生生的大展示室內，得以深入瞭解南亞各式各樣的產品。

學習小販沿街叫賣的精神

另外，王永慶曾經勉勵台塑的幹部們，要多多學習小販沿街叫賣的生意之道。

他說：「半夜三更聽見賣魚丸湯、肉丸、粽子的小販，從很遠的地方一路叫賣過來，及至由附近經過，又跑到很遠很遠的地方去，仍然可以聽見他嘹亮的叫賣聲。很少聽見有人光顧，可是這些小販還是一樣沿街叫賣過去，不辭辛苦，沒有勞怨。

「試想如果客戶對我們的營業人員粗聲粗氣地說：『你馬上來！』我們總會覺得他太沒有禮貌，而在心裡覺得不高興；可是賣粽子的小販絕不會有這些感覺，如果有人很粗魯地叫喊：『燒肉粽，來！』或『魚丸湯，來！』他仍然會很快地回答：『我馬上來！』或說：『來了！來了！』聲音非常柔和可愛。

「爲什麼那些風雨無阻、沿街叫賣的小販不覺得客人粗魯、不禮貌？仍然以溫柔的聲音做他的生意呢？因爲沿街叫賣了半天，好不容易才有人來光顧，當然要高興了。這是做生意的道理。」

「我們的營業人員如果有這份認識，他的推銷工作不知要愉快多少倍！每個人做事如果都能有這份心懷，他的工作不知會何等的成功！我們如果能夠從這些小地方來比較一下自己的處境，我們就會一方面滿足既有，一方面激勵自己更進步。」⑪

王永慶更以臺灣與美國兩地推銷塑膠產品的過程，來說明在美國爭取客戶的困難。

台塑關係企業目前的產品，以台塑的塑膠粉、南亞的膠皮與膠布、台化的嫘縈棉與耐隆纖維來說，大部分都是要經過下游加工後外銷。台塑關係企業的主要客戶是加工廠，這些加工廠爲了確保原料的來源，都主動向台塑接洽採購，而不是台塑的營業人員向各加工廠推銷。

針對這種情形，王永慶認爲臺灣的業務工作就好像在天堂一樣地舒服。他在美國跟營業人員去拜訪客戶，事先要和客戶約定時間，取得對方的同意；有時候對方根本不答應，客戶認爲不可能和他們做生意，彼此不需要浪費時間；有些因爲知道他們在臺灣有個相當規模的企業，所以還算客氣，願意和他們談談。

王永慶說：「我拜訪過的客戶當中，大概十家有八家以上都講得很清楚，他們長久以來都和原料供應商合作得很好，價錢公道，品質也不錯，交貨也順利；而台塑南亞來推銷東西，你們的品質如何呢？如何確保交貨期？現在雖然你們的價格更便宜一些，可是你們總不可能繼續這樣優待下去啊？這些因素都不能不考慮，所以我們不想更換供應商。」⑫

台塑在美國投資生產的塑膠產品，就是在這種推銷十家、遭八家拒絕的艱難情況下，一步一步打開市場。

賣冰淇淋應該在冬天開業

面對推銷所遭遇的困難，王永慶既不氣餒，也不擔憂。他認為企業如果一開始就困難重重，當難關撐過去了，抵抗力因而養成了，一定會成功的；**一開始就賺錢的企業是很危險的，突然養成老大自恃的習氣，也種下垮掉的因子**。⑬

他說過：「**賣冰淇淋應該在冬天開業**。」冬天顧客少，必須用心傾全力推銷；並且要嚴格控制成本、節省費用、加強服務，使人家樂意來買。

---

⑪ 一九七一年八月二十八日，王永慶在第二期新進幹部職前訓練結訓時的談話。

⑫ 一九八二年八月二日，王永慶對在職人員訓練班的講詞。

⑬ 一九七一年十月十六日，王永慶在第五期新進幹部職前訓練結訓時的談話。

這樣一點一滴建立基礎，等夏天來臨，發展的機會到了，力量一下子壯大起來，這時即使有競爭對手也不怕了。⑭

他更說：「天下事情，有沒有實力，是最實實在在的事。怎樣和人家競爭呢？就是你做的東西能不能更便宜、更好，最後是消費者承不承認你的問題。」⑮

王永慶還舉養雞爲例，教導部屬做生意要多動腦筋。

臺灣島內民眾飼養的雞可區分爲肉雞與土雞。王永慶指出，由於工業化時代的來臨，目前養雞大多採用大規模生產，並以合成飼料餵養，不但成長迅速，而且成本低廉，我們稱之爲肉雞，可是這種肉雞味道不佳，因此賣價不高；另一種稱爲土雞的，是在鄉下養的，農村以各種穀類爲飼料，肉味佳，肉質美，賣價爲肉雞的兩倍。

他表示，肉牛在屠宰之前的一段時間，爲了使其肉質、肉味變得更好，都會變換較營養的飼料，這麼一來，就可賣出較高的價錢；這是肉牛的肥育。如果肉雞也施以肥育的方法，不也可以得到同樣的效果嗎？

他進一步說明，雛雞在開始飼養時，先使用合成飼料，養育三個月大約就有六、七台斤。這個時候，開始採用肥育方式改餵下級糙米，施行一個月後，公的有十台斤左右，母的有六、七台斤。其肉質、肉味均已變得有土雞的風味，而兼有肉雞的細嫩，比土雞更好吃，價錢當然也可以賣得比土雞更高。

王永慶笑著說：「這個道理就是經營。」⑯

追蹤客戶的客戶

台塑每年的下半年，在深入調查客戶的每月動態、掌握客戶的基本情況（如資金、設備）等資料後，便開始設計下一年度的營業目標。由於台塑能夠確實掌握客戶需求量的變化狀況，因此，所設定的營業目標均極洽當。

⑭一九七一年十月十六日，王永慶在第五期新進幹部職前訓練結訓時的談話。

⑮狄英，〈王永慶談經營管理應合理〉，一九八一年八月一日出版之第三期《天下雜誌》，頁三〇。

⑯一九七三年二月九日，王永慶在財政部稽核組的演講。

管理大師洛倫奇對台塑的這種做法很稱讚，他說：「台塑這種做法非常好、非常有效果，很少公司能這樣做。」[17]

洛倫奇建議台塑進一步深入追蹤客戶的客戶，以便及早知道他們的需求變化。他以美國通用汽車爲例說：「例如賣原料給通用汽車的公司，如果能及早知道通用汽車要由生產大車轉爲生產小車的策略，那麼可以及早跟隨它政策的變化做變化。」

洛倫奇又舉另一個實例說：「因帆船採用ＰＰ板，所以遊樂帆船產業的變化，也會影響台塑的業務，因此，帆船產業的變化也要密切注意。這就是追蹤客戶的客戶的道理。」[18]

王永慶欣然接受洛倫奇的建議。

總之，王永慶所秉持「客戶至上」的經營理念，包括了兩大主張與四個要件。兩大主張一是兼顧顧客利益，二是紓解客戶困難；四大要件一是價錢要公道，二是品質要符合水準，三是交貨期要準確，四是服務必須周到。他認爲必須要符合這兩大主張與四個要件才能達到「客戶至上」的目標。

⑰陳啓明，〈王永慶、洛倫奇對談管理精義〉，一九八六年四月一日出版之第二四期《經濟雜誌》，頁四二。

⑱陳啓明，〈王永慶、洛倫奇對談管理精義〉，一九八六年四月一日出版之第二四期《經濟雜誌》，頁四二。

第十二章

人才管理

企業的興衰成敗，主要關鍵在於人才管理。台塑一向堅信，人才必須自己培養，只要大學畢業，具備吃苦耐勞的精神、穩定性高的青年學子，都是他們想要吸收的對象。

王永慶的第十二個經營理念是「人才管理」。企業的興衰，事業的成敗，主要關鍵就在人才而已。人才管理主要包括求才、用才與育才。本章將說明台塑的求才與育才，至於用才，在第十四章之中的壓力管理與獎勵管理將有詳細的解說。

先說求才。

三十幾年來，台塑關係企業一直是臺灣大學畢業生最嚮往的民營企業之一。爲什麼大學畢業生都想進入台塑服務呢？一方面因爲台塑是臺灣首屈一指的大企業，正派經營，形象良好；另一方面因爲台塑有一套完整的管理制度，良好工作環境，待遇優渥，使人覺得在台塑工作有前途，自己的才幹不會被埋沒。

數十年來，台塑一直秉持下列原則：喜歡錄用如白紙般的大學或研究所理工科畢業生，只要年齡在三十歲以下，不需要工作經驗。台塑更不迷信名校，因此每年錄取者，有臺大、成大、清大、交大等國立大學的畢業生，亦有東海、淡江、大同、中原、元智等私立大學的畢業生。台塑一向堅信，人才必須自己培養，只要大學畢業，具備吃苦耐勞的精神、穩定性高的青年學子，都是他們想要吸收的對象。

管理人才的三個條件

王永慶曾經對台塑需要的管理人才列出三個條件，一是吃苦耐勞，二是知識，三是經驗，缺一不可。

第一要能吃苦耐勞。從體力的磨練到精神意志的專注，從實際工作養成吃苦耐勞的精神，此過程必須倚仗精神意志的支持，方能吃苦而不以爲苦，耐勞而不以爲勞。

第二是知識，指從大學教育中得到的知識。因爲這些知識都是純理論、純學術的，必須融會貫通之後，懂得消化、利用，否則這些理論性的知識也是死的、沒用的。

第三是經驗，必須是吃苦耐勞，腳踏實地，從實務中磨練出來的心得才有用。如果只是走馬看花、參觀或客串性質，那只是經歷，而不是經驗。

王永慶說：「管理人才必備的三個條件就是，以吃苦耐勞的精神，配

合學校教育，用腳踏實地的經驗，造就明事理的頭腦。」❶

他進一步分析指出，三個條件全都具備當然最好，其中尤以第一個條件最爲重要，如果不能吃苦耐勞養成強壯的體魄和精神意志，遇到困難即畏縮退卻，不能身體力行，將無以成事。若有吃苦耐勞的精神，而沒受過教育也沒經驗，則做比較簡單的工作，譬如出賣勞力，還有飯吃。

若只有經驗，而沒受過教育和吃苦耐勞的精神，譬如過去的黑手師傅，將因逐漸落伍而被淘汰。**最嚴重的是受過良好的學校教育，既無經驗，又沒有吃苦耐勞的精神，讓他做管理工作，一定空談理論、不切實際，會搞得漏洞百出，弊病叢生。**❷

從基層訓練，培養吃苦精神

根據王永慶列舉人才三個條件的標準，台塑從各大學招募進來的新人，縱使能吃苦耐勞，也有豐富的知識，可是一定沒有經驗，這該怎麼辦呢？他們可以在實際工作的晉升過程中獲得經驗。

這些新進的學士與碩士，在報到之後立即被派往各工廠進行三個月的輪班訓練，❸這是一段與現場作業員一起打拚的日子，搬貨物、抬產品、顧鍋爐、輪三班，什麼粗活都得幹。此訓練除了培養新人吃苦耐勞的精神之外，就是要他們得到工廠最基層的實務經驗。此階段也是台塑企業文化對新人潛移默化的關鍵期，受不了訓練辛苦者就被淘汰，通過考驗後來晉升主管者，全都十分肯定與特別懷念這段磨練的日子。這一關的考驗非常重要，**台塑堅持只有認同「勤勞樸實」與「吃苦耐勞」理念的年輕人才能被錄用**。

到工廠實習三個月，再經歷一年的基層實務訓練（這是與自己工作相關的基層訓練）後，才能掛上主任辦事員的頭銜，這是相當於領班的基層主管級。而後，再累積三年九個月年資（總共是五年），就可報考公司專

---

❶王永慶於一九七一年九月十一日，在台塑第三期新進幹部職前訓練結訓時，以「吃苦、知識與經驗乃是管理三要件」為題演講之講詞。

❷同❶。

❸此項大學新進人員的輪班訓練原來是六個月，至一九九六年前後才改為三個月。

員的晉升考試，專員是相當於課長級的二級主管。

擔任專員之後，再累積五年年資，即可報考公司高級專員的晉升考試。高級專員是相當於廠、處、組長級的一級主管，其掌管的業務規模相當於一家中小型企業，轄下的員工從百位到數百位不等。❹

目前台塑集團課長級的專員大約有四千人，廠處組長級的高級專員大約有二千三百人，這六千三百人是撐起台塑集團最主要的骨幹力量，也是台塑歷經千辛萬苦所希望打造的人才。

從上可知，台塑集團培養一個課長級的二級主管需要五年時間，培養一個廠、處、組長級的一級主管需要十年時間。這與日本企業培養一個優秀的一級主管需要十二年的時間，兩者相去不遠。

羅致人才不捨近求遠

接著，我們談談王永慶的求才觀。

若干年前，王永慶想在國外羅致一些人才，於是拜託許多國外的朋友幫忙尋找，結果一個也沒找到。後來他發現，人才往往就在身旁，故不應捨近求遠，要從企業內部去找。

他說：「最主要的，自己企業內部的管理工作先要做好；管理上了軌道，大家懂得做事，單位主管有了知人之明，有了伯樂，人才自然就被發掘出來了。」❺

臺灣許多企業都有下列兩種現象。一種是企業本身管理工作沒做好，有許多人才而不知，卻大嘆求才困難；另一種是企業管理未上軌道，根本不知需要何種人才，卻盲目四處尋找人才。

王永慶進一步分析指出，企業家對自己企業內有無人才渾然不知，卻盲目向外找人才，縱然找到了又有何用呢？不能給予適才適所的安置，人才也是枉然。

身為企業家，首先要先確定企業內各工作職位的性質與條件，應該知

---

❹台塑企業職級架構有兩條線，一條是執行單位，從上到下為：經理→廠處長→課長→領班→操作員；另一條是幕僚單位，從上到下為：主任（特助）→組長（高級專員）→專員→主任辦事員→管理員。

❺王永慶於一九七一年十一月廿五日，應政大企研所之邀，以「落伍的是企業家」為題演講之講詞。

道哪一部門需要什麼樣的人才，再決定何種類型的人才擔任最恰當，最後再去尋找適合擔任此職位的人才。

王永慶說：「就像苦苦研究一樣東西，到了緊要階段，參觀人家的製造，觸類旁通，一點就會；如果不經苦苦地研究追求，參觀人家的製造，仍然一無所得。知道追求的目的，才知道找怎樣的人才；否則空言人才，不是找不到，就是找到了也不懂得用。」❻

基於上述的道理，台塑集團每當有人員出缺時，並非立即對外辦理招考，而是先從企業內部找人，看看其他部門有無合適的人員可以調任。此種從企業內部甄選調任的方式有三大優點：一是可以改善人力不足與人員閒置的問題；二是將那些不適合現職或對現職有倦怠症者，另給跑道，使其更能發揮所長；三是因調任人員早已熟悉公司企業文化與工作環境，訓練的時間與費用均可節省下來。

員工教育訓練的兩大問題

再說育才。

育才就是教育人才，培養人才，訓練人才。

王永慶知道，人才端賴企業自行培養。因此，台塑於草創初期，固然若干高級幹部採取挖角方式，然而對於基層幹部，從一九七一年開始施行長期計劃性的培養與訓練。

員工的教育訓練牽涉到兩大問題：師資與教材。

師資問題

首先是師資問題。

台塑早期曾經聘請許多國外的學者與專家到台塑授課與演講，渴望從中學到有用的東西。學習的場面很熱烈，可是收效很有限。問題出在學者

❻同❺。

專家所講的，不一定能夠適合聽者實務方面的需要；而且學者所講的內容，聽者不一定能引用來配合自己的需要。

有鑑於此，**台塑所籌辦各類訓練班的師資，全部由企業內資深而且具有豐富實務經驗的主管人員來擔任。**

教材問題

其次是教材問題。

台塑公司認為，企業舉辦教育訓練的目的是在對受訓者教導一番，灌輸其在工作上必備的知識與技能。因此，就必須以企業經營管理的實務作為教材，使受訓者能吸收企業多年所累積的實務經驗，以加強其工作上的績效與潛能。甚至於受訓者在結訓之後，就能立即把訓練期間所學運用在日常的工作上。

然而，編纂管理實務的教材並非易事。一則企業本身必須先有相當上軌道的管理實務基礎，再則講師亦須具備一定的文字駕馭能力，才有可能據以編纂實用的訓練教材。**台塑的訓練教材均由講師自行編纂，其內容均**

以台塑管理制度的應用、實務作業、實例研討等為重點。

台塑集團的員工訓練活動裡，以大學新進人員的輪班訓練與課長級人員的管理訓練最受重視。

從輪班訓練體驗基層

我們先介紹名聞遐邇的輪班訓練。

大學新進人員在報到之後，立即就被分派到台塑集團位於泰山、彰化、嘉義、高雄等各廠區，直接到生產的第一線，實際參與爲期三個月的輪班訓練。

這批大學新進人員在五年至十年之後，都將晉升爲專員或高級專員，在台塑擔任課長級的二級主管或是廠、處、組長級的一級主管，如果沒有利用輪班訓練的機會，到最基層去親身體驗，勢必不知道基層在做什麼，將來當上主管，有何能力去領導部屬？又怎麼可能去管理生產線呢？

輪班訓練非常辛苦，受訓者除了參與生產、搬運產品、保養機器、照顧鍋爐之外，還得研究製程、提升良率，也必須輪日班、中班、大夜班。同時，每個月還要撰寫心得報告；三個月訓練期滿後，再由總管理處派主考官到各廠區舉辦期滿考試，成績合格者才能正式任用。

每一部門的主管要對到廠受訓者的學習成果負責；換言之，只要受訓者過了某一部門的某一關，該員就必須習得此一部門的技能，否則若被主考官考倒了，部門主管要連帶受責。

輪班訓練的目的有五，一是讓大學畢業生放下士大夫虛驕的身段，二是磨練他們的心志與耐力，三是培養他們正確的工作態度與吃苦耐勞的精神，四是讓他們瞭解企業經營的好壞是從基層開始的，五是讓他們從辛苦的工作中體會經驗的可貴。

若干不肯接受輪班訓練或吃不了訓練苦頭的人，在這一關就被刷掉了。台塑總管理處總經理室協理傅陳卿說：「如果沒有辦法忍受，公司也希望他們能早日自動離開，否則對雙方都是一種浪費。吃苦耐勞的精神，在我國目前科技不發達、管理經驗尚未累積的情況下，是台塑在國際市場競爭之武器之一。」[7]

軍事化的管理訓練

接下來我們介紹最受台塑重視的課長級人員的管理訓練。

台塑在各階層的人員訓練之中，以課長級人員的訓練最爲重要，因爲**在台塑集團裏面，課長級人員處在一個承上啓下的關鍵位置**。對上來說，他要接受廠處長的指示與教導，對下來說，他要指揮與指導底下的領班與主任辦事員，對公司目標的達成，扮演著重要的角色。

在台塑集團裏面，**課長級人員屬於中堅幹部，他們最重要的任務就是管控制度的推行與執行**。他們若欠缺一般的管理知識與其他各項專業知識，勢必會造成企業營運上的困難。因此台塑集團在一九八一年開始，由台塑企業人事部門制定課長級在職人員訓練，以便強化課長級人員所應具備的職能條件，一方面能完善承接廠長級主管的管理內涵，一方面能有效

❼陳靜媛，〈台塑以『理』字吸引人才〉，一九八四年八月一日出管之第一二二期《管理雜誌》，頁六八。

指導基層主管人員做好基層管理工作。如此一來，台塑的各項管理制度才能充分發揮其功效。

台塑舉辦課長級人員的管理訓練之目的有三：

一、灌輸台塑的管理理念，促進管理機能的充分發揮。

二、充實與職務上相關的管理知識，瞭解台塑管理制度的內容與實務作業，以提高課長級人員對事物的處理能力。

三、加強各項事物成本分析的能力，提高工作分析與方法改善的能力，並增進經營分析的能力。

在為期四週的訓練期間，所有學員必須聆聽一百三十小時的課程。課程的內容既廣泛又緊湊，包括：經營理念、生產管理、資材管理、營業管理、工程管理、財務管理、電腦管理、人事管理、經營分析等九大項。

至於授課的老師，全部由台塑企業內資深而且有豐富實務經驗的一級主管來擔任；譬如說營業管理的課程，就由台塑的營業處長來授課。有關教材方面，除了講述各科目的專業知識之外，還特別介紹台塑企業內管理制度的「實際個案的研討」，而個案研討的方式，是課長級人員增進管理知識最有效的途徑。

該管理訓練班採取軍事化的管理，除非發生重大事故，而且經總經理特准之外，一律不得請假。每週上課五天，每天上課八小時，週六上午進行每週考試與專題演講。週一至週五不得外出或外宿，週六下午放假可返家，但在週日晚間十一點以前要歸隊報到，同時實施嚴格的點名制度，把出勤狀況列入受訓期間品行的考核項目之一。

有關學員寢室的安排，台塑別具用心。每間寢室裡所住的四名學員，一定是擔任不同性質工作的人，譬如：生產課長、營業課長、人事課長、財務課長等四人一個寢室；另外資材課長、工程課長、電腦課長、採購課長等四人另一個寢室。把不同性質的課長組合在一起，促使彼此有交換不同工作實務經驗的機會。

在餐桌的安排方面，除了比照寢室的方式之外，每週每人均換桌一次，其目的在使受訓者有更多機會認識更多的學員，以增進彼此的感情，爲日後可能的業務溝通，建立良好的基礎。

此外，每天清晨一小時的跑步，也是訓練的重點之一。每週二與週四，還特別安排了慢跑運動的講習和訓練，以便推廣此項有益身心的運動，最終達到鍛鍊強壯體魄的目標。許多學員在受完訓之後，都將此有意義的運動帶回到原事業單位發揚光大。

任何訓練活動都必須在合理的考核下，才會呈現出效果。課長級管理訓練每週六舉行兩小時的測驗，考試的成績列入以後的人事考核項目之一，考題相當靈活，主要在測驗學員上課後的吸收與理解能力。受訓期間，學員的壓力很大，無不兢兢業業，講義與筆記重達數十公斤，學員爲準備每週的考試，常溫習功課至深夜。

學員除了準備每週的考試之外，還得撰寫心得報告，以便在結訓典禮的「綜合檢討會」上，王永慶抽選十至十五名，當場要求他們發表心得報告。王永慶在聽取報告後，當場加以講評。

由於「綜合檢討會」是由王永慶親自主持，因此學員們都卯足全力，爭相表現自己的才華，以至於在此檢討會中，發掘了不少管理幹才！

第十三章

建立制度

臺灣的企管學界對於台塑有個一致的看法，亦即台塑集團其實沒有什麼了不起的創新或研發，他們的績效來自制度與執行。

王永慶的第十三個經營理念是「建立制度」，也就是制訂各種規章制度，靠制度規章的力量來管理企業，以彌補人力的不足。

臺灣的企管學界一提到台塑，幾乎都有下列一致的看法：**台塑集團其實沒有什麼了不起的創新或研發，他們的績效來自制度與執行**。本章先談制度，下一章再談執行。

建立制度的五個要點

一般企業在規模還小之時，人數少、單位少、組織簡單，談不上什麼管理制度，可是企業一旦規模達到一定的程度時，就需要一套完善的管理制度，來明白規劃企業的組織系統，各部門職掌、獎懲升遷、作業規範、工作說明等，使全體員工分工合作，發揮潛能，達到企業之目標。

台塑創辦人王永慶說：「企業規模愈大，管理愈困難，如果沒有嚴密的組織和分層負責的管理制度，作為規範一切人、事、財、物運用的準繩，據以徹底執行，其前途是非常危險的。」❶

台塑總管理處總經理楊兆麟也認爲，目前中小企業最大的問題是在他們沒有制度化。制度化之後，才能建立秩序，人才才能配置；有這麼一個基礎，才能進一步擴充其他的。❷

然而，管理制度是一大堆制度、規則以及表單，成效的好壞必須持續執行一段時間（通常是幾年）以後才能知道，同時又需要不斷投入人力持續地檢討與改進，是個既花錢、單調、枯燥又煩人的事情，所以大多數的企業老闆對此不是興趣缺缺，就是半途而廢。

台塑的制度化，是設計一套可行的管理制度，使得員工依照所設定的操作規範與事務流程去做事；同時，主管也能夠主動地做考核與追蹤。工作量可以計算，工作品質可以衡量，這是台塑制訂管理制度的基本原則。在此一原則下，才能追求人與事的公平與合理。

根據實際經驗，王永慶強調建立制度必須留意下列五點：

---

❶王永慶於一九六七年六月，於「台塑經營研究委員會」成立會議上，以「企業若管理不善隨時會倒閉」為題之談話。

❷郝明義，〈楊兆麟手中的管理〉，一九八六年三月一日出版之第三六一期《生產力》，頁七一。

第一，不得抄襲。規章制度照抄別人是沒有用的，因爲環境不同、思想觀念不同、條件不同、基礎也不同，強加套用的話，就好像是不管自己的腳有多大，硬要拿別人的鞋子來穿一樣，不但不舒服，恐怕也沒辦法走路。

他說：「別人花了數十年的心血才建立起來的規章制度，你拿來以後就能運用，天下大概沒有那麼便宜的事。」❸

第二，有錢買不到。對企業而言，機器設備與技術、know how都買得到，唯獨管理制度是有錢買不到的。

他說：「如果管理制度也能買得到的話，企業經營就可以高枕無憂了。實際上，這是不可能的事。」❹

第三，自行苦心摸索。台塑的管理制度是從一九七三年開始建立。剛開始，完全沒有經驗，既無管理專才的協助，也無一套中國式管理制度可供參考，只好自己辛苦摸索。

他說：「剛開始建立制度必須從基礎開始摸索，初期效率一定比較差，速度比較慢；可是如果用心勤勞，不斷求改善，求進步，終必能夠融會貫

通。」❺

第四，經營者參與。企業的經營者必須參與事務工作，必須對管理所牽涉的繁雜事務逐一深入檢討，點點滴滴累積經驗，管理制度才能一步一步建立起來。其過程不但艱辛，而且漫長。

他說：「先進國家的經營者只要負責決策，不須參與建立管理的根本細則。那是因爲先進企業經過數十年的努力，其經營不但已累積相當經驗，而且也具備了深厚的管理基礎。」❻

第五，執行單位的參與。各種管理制度在制訂完成之後，必須要落實到各事業單位去執行，才能產生效果。倘若事先只有幕僚的總管理處單獨制訂制度，事後再強壓底下的事業單位去實施，必定窒礙難行，因此事前

❸王永慶於一九八三年四月廿六日，在中央大學之邀，以「國內經營者對其企業應有的認識及責任」為題演講之講詞。

❹王永慶於一九八三年六月六日，在台塑第十一期課長訓練班開訓典禮，以「努力求知發揮力量」為題演講之講詞。

❺同❸。

❻郭泰，《王永慶的管理鐵鎚》，一九八六年六月十五日《遠流出版公司》出版，頁一四一。

執行單位的參與討論與制訂是必須，也是非常重要的。

他說：「企業發展到某一程度，單靠人力來管理是不夠的，這時就必須靠制度規章的力量來管理。該制度若由參謀人員單獨制訂，管理者在建立過程沒有參與的話，則執行必遇困難。」❼

根據幾十年的實際經驗，王永慶深刻體會出一個好的制度規章必須具備下列三個要件：

一、必須具備合理可行的條件。

二、必須有助提高事務處理的效率，並有助於凝聚群體力量。

三、必須合理對待各階層的員工，使他們能在公平的基礎上發揮與成長。

台塑的管理制度

台塑創立至今已有五十多年，各項制度規章已經十分完備，包括：單元成本分析與控制制度、改善提案制度、資財管理作業規則、採購作業與稽核管理、人事管理規章、利潤中心制度、目標管理制度、績效獎金制度、電腦管理制度等，不一而足。

有關台塑的管理制度，我們就舉「品管作業規範」、「台塑關係企業全年度統一菜單」、「施工規範」、「工作改善提案制度」這四個實例來說明。

現場員工必知「品管作業規範」

先談「品管作業規範」。

南亞的林口廠，爲了使廠內膠布機、發泡機、印刷機、上糊機等各部門的員工，在正式教育訓練之餘，也能在平時的工作自我訓練，特別制訂了各項工作的「品管作業規範」。

「品管作業規範」是一個總冊，裡面依工作性質的不同，分別設計成

❼王永慶於一九六七年六月，以「企業若管理不善，隨時會倒閉」為題，對台塑經營研究委員會委員們的談話。

一本本的小冊子。例如：膠布機領班就有一本「膠布機領班品管作業規範」，膠布機頭手就有一本「膠布機頭手品管作業規範」，膠布機二手就有一本「膠布機二手品管作業規範」，發泡機領班就有一本「發泡機領班品管作業規範」……。任何現場員工，只要有一本屬於他工作項目的「品管作業規範」，就能瞭解他所擔任工作的細節。

楊兆麟說：「這項編定各個工作人員『品管作業規範』的工作，是一件很不容易的事，而且還必須配合機台的更新、要求的改變、隨時調整換新內容。但是，我們站在公司的立場，絕對不能因怕麻煩而不做這件事，否則以後的損失可不得了。」❽

因爲現場所有的工作都有「品管作業規範」，不但工作的品質要求有標準的依據，而且當現場工作人員出缺時，可由另一員工參考「品管作業規範」立即遞補，而不至於發生青黃不接的現象。

如前所述，此類作業規範若遇機器更新，則須跟隨變更；另外若工作方法改善，亦須跟隨調整。總之，所有的作業規範得考慮實用性與方便性，並須依狀況隨時更新。

制定「全年度統一菜單」

再談「台塑關係企業全年度統一菜單」。

早些年，台塑各廠區的伙食團菜單均由各自的廚師各行安排，由於侷限於個人的偏好與手藝，不但菜色變化少，營養也不夠均衡。後來，公司委派學營養的員工許明珠制訂了一套全年度的統一菜單。

許明珠花了兩個月的時間，制訂了一份三百六十五天的「台塑關係企業全年度統一菜單」。此份菜單編有目錄，目錄以下爲「菜單使用準則」，與春、夏、秋、冬等四季的菜單。一年有四季，每季三個月，三至五月使用春季菜單，六至八月使用夏季菜單，九至十一月使用秋季菜單，十二月至二月使用冬季菜單；一季再分爲十三個星期，每星期再分爲七天，每天三餐的菜單都不一樣。若遇颱風，還有應變菜單。

每天三餐的菜單爲達到「變化」的目的，把每道菜都編號輸入電腦，

---

❽宋梅冬，〈管理經營合理化——台塑關係企業的實例〉，一九七九年二月廿七日《經濟日報》第十一版。

便於管理；此外，營養的均衡、成本之控制、採購之方便等問題，均充分考慮到。

此份菜單制訂完成之後，分送全省各廠區，使得各伙食團從採購、驗收、選洗到調理都有遵循的規範。

嚴格、完善「施工規範」

我們再來看看台塑名聞遐爾的「施工規範」。

眾所周知，「圍標」是取得工程的作弊手段之一，但是楊兆麟卻大膽的說：「台塑不怕圍標！」台塑倚仗的是一套既完善又嚴格的「施工規範」。任何進行之中或已完工待驗收的工程，只要不合於規範，都必須打掉重做。

台塑這套「施工規範」，僅僅土木工程部分就有九大本，內文中對施工規定鉅細靡遺，從鋼筋怎麼結構？怎麼切斷？怎麼存放？到磚牆怎麼堆砌？以致使用什麼工具，全部有詳細的圖文說明。這套規範是楊兆麟在一九七九年時，他到美國德州休士頓建廠時所激發的靈感。

當時，他看到美國工人在施工時，一釘一鎚，一板一眼，他意念一動：「爲什麼美國工人這樣中規中矩？是因爲他們比中國人聰明嗎？」答案當然不是，原來美國人有一套嚴格的「施工規範」，工人就依照此規範施工。他回國之後，動員了七、八位工程專家，花了一年多的時間，在一九八二年完成了這部價值連城的「寶典」。

有效提升品質的「工作改善提案制度」

最後，我們花點篇幅談一談帶給台塑提升產品品質與降低成本莫大助益的「工作改善提案制度」，其實施內容如下：[9]

一、**目的**：希望在全員參與之下，或提出個人的新構想，或針對目前發生的問題提出解決方案，例如：提升產品品質、提高生產績效、節省材料、改善工安、改善環保、事務合理化等等，由專人審查評分，再依貢獻

[9] 取材自台塑企業之ＩＥ提案制度實施重點。

程度給予獎金獎勵，即使不被採用，亦有獎賞。

二、實施要點：

1.用獎勵的方式鼓勵員工踴躍提案。

2.透過員工自動自發地提案，達成品質、產能、省料、工安、環保等目標。

3.利用品管圈或全班團體之力量，鼓勵員工提供意見與分擔責任，並在提案過程中，培養獨立思考與創造的才能。

4.員工提案不論大小，一律在最短時間內給與回答並適當的獎勵。

5.廠務室或經理室設定專人，把從「生產日報表」或「修護日報表」中得知之「應改善事項」，不定期提供給現場員工，並輔導他們能具體提出改善案。

6.將推行成功之工作改善提案，利用海報依工作性質（例如：機台動用率提高、產速調整、品質不良改善、材料節省等等）分別公布，並將製造過程中遇到困難點而屬於人為問題者一併公布，以鼓勵大家提案的熱忱。

三、可能改善的問題點：

（一）材料的問題

1. 目前使用者是否品質最好？成本最低？或更易得到之材料？
2. 本作業產生之廢料不能用在其他作業嗎？
3. 製程發生之殘餘廢料能否再利用？
4. 材料檢驗方法能否改變，以正確找出不良品，減少成品不良及材料損失。

（二）機械的問題

1. 運轉率已達最大限度嗎？
2. 機器性能是否最佳？是否有換修的必要？
3. 作業員操作方法是否合理？效率可否提高？
4. 用最適當的機械從事工作嗎？
5. 是否妥善利用機械與作業員之等待時間？

（三）設計的問題

1.設計或規格的變更能否有助於品質的改善？

2.設計稍加改變，能否節省材料或生產時間？

3.各種公差及加工是必要的嗎？

（四）工廠布置的問題

1.往返搬運的次數減少到最低限度了嗎？

2.半成品搬運的距離是否可再縮短，以節省時間？

3.能利用的地方都加以利用了嗎？

（五）製程的問題

1.某些製程是否可以簡化以節省製造時間及人力？

2.機台之生產條件可否改變，以提高產量及品質？

（六）配方的問題

1.現有配方使用之材料，是否成本最低？

2.現有配方品質是否穩定？

（七）包裝的問題

1. 包裝用材料是否可用成本較低的材料取代？
2. 包裝重量是否合乎包裝次數最少及用料最少？
3. 包裝機器是否省時省力？

四、改善提案的五個步驟：工作改善提案的實際進行，可分爲下列五個步驟。

（一）瞭解現狀：對問題深入瞭解，並蒐集有關資料，充分研讀。

（二）分析問題：將資料劃分爲「主要」與「次要」，然後比較看看哪一種方式最能引發問題的解決方案。

（三）發掘關係：將發現的問題與現狀事實相比較，尋求其相互關係，並歸併成各類形式，以便對症下藥。

（四）重排與組合：設法將「各類形式」做必要的重排與組合，組合愈多，獲得新構想的機會愈多。

（五）綜合：將各項新構想具體化，亦即撰寫成改善提案，經同班人員共同評估其價值後提出。

五、工作改善提案撰寫內容注意事項：

（一）必須爲已實施者。

（二）不一定要有顯著實質的效果，但是如能提出具體數字更好。

（三）撰寫內容應標明提高，譬如：產量提高改善、製程改善、材料成本改善等等。

（四）改善案撰寫的順序爲：

1.提案動機

2.檢討經過

3.改善方法說明

4.實施方式

5.改善結果。

（五）有牽涉機密者以代號表示。

從上面的四個實例可知，台塑制訂管理制度，小到品管作業規範、菜單，大到施工規範、工作改善提案制度，都極爲用心。難怪談到台塑管理制度的嚴密程度，楊兆麟曾比喻說：「在台塑想舞弊，恰如從十二樓上跳

下去撿一塊金磚，結果必定粉身碎骨。」❿

制度不推行，等於沒有制度

有了管理制度之後，接下來就是推行的問題了。徒法不足以自行，再完美的制度，倘若不能徹底去推行，就等於沒有制度。

台塑於一九七三年一面建立制度一面全面推行，不料遭遇極大的阻力。爲了有效推動管理制度，一方面成立午餐會報，藉王永慶直接鞭策的力量，貫徹實施；另一方面成立「總管理處總經理室」，藉由這批幕僚人員持續的追蹤與無情的逼迫。爾後歷經六年的時間，一直到一九七九年，才顯現出管理制度的成效。

當年曾協助推動管理制度的前台塑總管理處總經理室副主任伍朝煌說：**「管理制度推行成敗的關鍵，全繫於企業老闆的投入程度。**如果老闆

❿廖慶洲、黃深潭、林貞美，〈台塑點點滴滴成巨人〉，一九八五年七月一日出版之第十五期《經濟雜誌》，頁六四。

全心投入，那就表示老闆貫徹管理制度的決心，這麼一來，少有不成功的。當年台塑在推動管理制度時，王董事長全心的投入，就是一個最好的成功實例。」⓫

當時，**王永慶雷厲風行，鐵面無私，為了展現推動管理制度的決心，對於在午餐會報中對管理制度推行不利或敷衍的主管，不惜馬上撤職或調職**。因此，在午餐會報之後，常常有主管回到辦公室之後找不到自己座位的狀況。

管理制度推行之後，是否從此就高枕無憂了呢？當然不是的，對於現行的管理制度應不斷地檢討，從不斷地檢討中發現不合理處，再針對這些不合理處找出確實可行的改善措施，並且徹底去執行；執行之後再檢討，檢討後再改善，如此，周而復始。

台塑的管理制度經過一而再、再而三，不斷地修改之後，在臺灣已被公認是管理制度最完善的企業。可是，王永慶卻認爲台塑的管理制度仍非十全十美，因爲在他的理念之中，追求止於至善的目標是永無止境的。

⓫同❻，頁一四七。

第十四章

徹底執行

把公司制訂的管理制度與擬定的決策，有效執行並且貫徹到底。台塑採取一推（壓力管理）與一拉（獎勵管理）的管理方式，不僅養成員工積極的工作態度，同時也創造了台塑卓越的績效。

王永慶的第十四個經營理念是「徹底執行」，也就是把公司制訂的管理制度與擬定的決策有效執行，並且貫徹到底。

台塑為了徹底執行管理制度與公司的決策，採取了一推與一拉的管理方式。所謂「推」的管理，就是逼迫式的壓力管理；所謂「拉」的管理，就是誘導式的獎勵管理。

先說台塑的壓力管理。

台塑公司從一九五七年年產PVC塑膠粉一千二百公噸開始，經過逐年擴充與海外投資，到了一九八三年，年產量達九十四萬公噸，成長七百八十三倍，成爲世界上規模最大的PVC塑膠粉生產工廠。

以臺灣仰賴石油進口（生產PVC塑膠粉的原料），與欠缺市場（一九五七年月產一百公噸PVC粉，臺灣市場胃納只有十五公噸）等不利條件下，台塑能有此驚人的成就，完全是在壓力逼迫之下，胼手胝足，艱苦走出來的。

台塑創辦人王永慶有感而發地說：「如果臺灣不是幅員如此狹窄，發展經濟深爲缺乏資源所苦，而台塑企業可以不必這樣辛苦地致力於謀求合

理化經營，就能求得生存及發展的話，我們能否做到今天PVC塑膠粉及其他二次加工均達世界第一，不能不說是一個疑問。」❶

壓力鍛鍊出眞本事

研究經濟發展的人都知道，爲什麼工業革命和經濟先進國家會發源於溫帶國家，主要是這些國家天候條件較差，生活條件較難，不得不求取一條生路，這就是壓力條件之一。**日本的經濟發展，是在地瘠民困的壓力下產生的；臺灣的經濟發展，也是在資源匱乏的壓力下產生的。相對地，若干天然資源富裕的國家，如非洲、印尼等，反而經濟發展落後。**

從經營台塑的經驗中，王永慶深刻體會出「壓力」的可貴。他曾奉勸明志工專的畢業生去接受有相當壓力的工作環境，在這種環境中，才能鍛鍊出眞本事。否則，即使你懂得必須吃苦，有意接受磨練，可是在一個滿

❶王永慶於一九八四年七月一日，在北美華人學術研討會中之講詞。

足現狀，以既有成就而沾沾自喜的環境中，任何人都難免因爲處於安逸之中而逐漸放鬆，終究毫無成就。

他也曾觀察到臺灣許多企業家，在創業初期，於資金與人才等條件都欠缺的壓力下，克勤克儉拚老命的幹；一旦有了成就之後，就會在不知不覺之中鬆懈下來，此時的企業非但不前進反而後退了。倘若該企業所獲得的成就是因爲外在景氣興旺所致的話，一旦景氣衰退，該企業很快就會垮掉。

美國的尖端科技與電腦都領先世界各國，可是美國的工業生產卻競爭不過日本。王永慶認爲，其主要原因就是，美國企業經過幾代經營者奠定基礎之後，這一代已經逐漸安逸，在舒適的經營環境中鬆懈下來了。

壓力管理的精髓就在：戒愼恐懼，永不鬆懈。王永慶表示，人的本性是要鬆懈比較容易，要緊張奮起比較困難，所以在經營企業首要思考的基本問題是，要設法維持永不鬆懈的經營態度。❷

中央集權式壓力管理

爲了貫徹台塑的壓力管理，王永慶採取中央集權式的管理制度。**王永慶精力過人，管到企業細節事務的層面，對複雜的數字過目不忘，精確如電腦，喜用追根究柢的方式質問部屬，因此，壓力管理的模式，他發揮得淋漓盡致，效果宏大。**

台塑集團是以臺灣塑膠、南亞塑膠、臺灣化纖、台塑石化等四大公司爲核心，由石油、塑膠、紡織、機械、電子、鋼鐵、醫院、學校等一百三十多個關係企業所組成，深感許多共同性的事務，若採集中管理，不但用人可大幅減少，而且效率也會因此提高。再說，採行中央集權式的壓力管理，必須設立一個強而有力的指揮中心，以便控制與監督下面的事業單位。台塑總管理處就是在這種背景之下，於一九七三年應運而生。

台塑總管理處下面設有兩個幕僚系統，一個稱之爲總經理室的專業管

❷王永慶，《王永慶談話集第一冊》，二〇〇一年元月十五日《臺灣日報社》出版，頁一六五。

理幕僚，另一個是共同事務幕僚。

台塑總管理處總經理室主要負責各項管理制度的制訂與推動，以及協助各事業單位經營管理之改善，只做計劃、建議與制度執行之監督，對直線沒有指揮權，目前有二百零九位幕僚，設有人事管理、產銷管理一、產銷管理二、產銷管理三、保養管理、資材管理、工程管理、財務管理、資材審核、工程營建審核、工程機電審核、幕僚、涉外事務、土地、駐大陸總經理室等十五個組。

此外，總經理室還負責業務稽核，採購案、工程預算及發包、驗收案之審核，規劃辦理企業共通性教育訓練。總之，它是個審核、監督的單位。

至於台塑總管理處的共同事務幕僚，主要負責各種制度與決策的執行，目前有一千六百五十六人，設有秘書室、法律事務室、財務部、發包中心、採購部、營建部、資訊部、環安衛中心、大樓管理處、進出口事務組、麥寮管理部、經營專案組、海外專案組、麥寮資材管理中心、電源組、海外事業管理部等十六個部門。總之，它是個執行單位。

王永慶巧妙地把台塑總管理處劃分為專業管理幕僚與共同事務幕僚兩

大塊；前者掌管監督，負責制度的制訂、推動以及改善，後者掌管執行，負責制度的執行。有一批人負責執行，又有另一批人在後頭催促與監督，這對制度的徹底執行產生極大的效果。

臺灣若干企業仍處在老闆推一步，員工走一步的被動狀態，所以一般企業的「推夫」只有老闆一人，因此動力較小；而台塑有總經理室的二百零九位幕僚，等於有二百零九位「推夫」，自然績效良好。

台塑的壓力管理固然績效卓著，然而每個單位主管都隨時感受到一股強大的壓力，個個兢兢業業，絲毫不敢懈怠，每週得工作七十小時。

那麼王永慶自己呢？他每週工作一百小時以上，沒有星期例假日，除了每天的晨跑與游泳之外，沒有任何的嗜好。每天例行的午餐會報是他與幹部的生活模式。一年三百六十五天，他主持的午餐會報不會少於三百六十天，十年如一日，不是在臺灣就是在美國。

外國的記者曾批評王永慶說：「他的行事手段幾近殘忍，秘訣是對工作細節及工作時間毫不留情地苛求，他手下的管理人員若換成西方人，恐怕早被他磨死了。」❸

對於這項批評，王永慶答道：「爲什麼外國人一星期工作五天，我們中國人要做六天。外國人不瞭解我們，我們沒有基礎，所以多做一天來彌補，這很公平。」❹

憂心才能變優秀

台塑不崇尚學院式的理論研究，王永慶是實業界的索忍尼辛，他爲西方世界道德的墮落而憂心忡忡。他表示，最令他擔憂的事，就是當人們在生活上得到某種程度的享受時，便容易鬆懈其決心及努力工作的習慣。❺

在一九七〇年代初期，台塑集團的總部還在台北市南京東路一號，隔壁是優美企業。有一次開幹部檢討會議，王永慶有感而發的說：「中國字眞是造得好，造得妙啊！你們看：這個『優』字，就是從『人』、從『憂』，人要能憂心才能變成優秀的人，此話誠然不假。」❻

很明顯的，台塑在成爲世界級的石化大廠之後，絲毫沒有鬆懈的跡象。王永慶感嘆說：「好，好不過三代，這是有道理的。有壓力感，覺得

還不夠好，做出『苦味』來，才會不斷進步，一放鬆就不行了。」❼

台塑董事長李志村曾說：「如果有一個部門達到業績標準，王董事長總會再從那裏擠出更好的業績來。」❽

上述這三段話，正好給台塑的壓力管理做了最貼切的詮釋。

以實惠獎金獎勵員工

再來談獎勵管理。

先看這一則小故事。

---

❸王俊三與唐嘉慧譯自一九八五年七月之Forbes，「王永慶與部屬同上火線」，一九八五年九月十日出版之第二期《大人物雜誌》，頁一八。

❹一九八四年十一月，王永慶接受《臺灣時論》的林建生與《中央通訊社》楊允達訪問時之談話。

❺同❸，頁二〇。

❻謝昌輝，〈人憂即優〉，一九八五年九月廿七日《經濟日報》第十二版。

❼卓越雜誌編輯部，〈十五大集團企業誰最卓越？〉，一九八四年九月一日出版之第一期《卓越雜誌》，頁一一。

❽同❺。

話說有一頭驢子，每次套上了車，就像老僧入定，動也不動，任憑主人用皮鞭抽打，牠還是寸步不移。驢子的主人爲了這頭既笨又懶的驢子傷透了腦筋，想不出任何辦法讓牠走動。後來有一個聰明的小孩，把一個紅蘿蔔吊在驢子前面，引誘牠去吃這個紅蘿蔔，結果驢子爲了吃那個紅蘿蔔，引頸追求，奮力向前走去。

從這個小故事，我們很容易聯想到兩種不同的管理方式：如果皮鞭代表了壓力管理，那麼紅蘿蔔就是獎勵管理。

台塑給予員工的獎勵，是比紅蘿蔔更實惠更有效的金錢。台塑發放的獎金，以年終獎金、黑包、改善提案獎金及績效獎金最有名。

台塑集團的年終獎金一向採取勞資雙方協商的方式，多年來都在四至五個月之間。從二〇〇六年開始，勞資雙方訂出一個公式：依台塑、南亞、台化、台塑石化四家公司年平均每股稅後盈餘來計算，每股盈餘達四．一元時，發放年終獎金四．五個月，每股盈餘每加減一元時，年終獎金再加減〇．六個月，每股盈餘超過六元時增幅收斂爲〇．三個月。

依照上述的公司，台塑集團二〇〇六年的年終獎金爲五．七個月，二

○○七年爲六．四七個月，二○○八年爲二．九九個月，二○○九年爲四．五七個月，二○一○年爲六．○一個月，二○一一年爲四．七個月。此外，每年都加發端午節與中秋節各○．五個月獎金。

至於黑包，其實就是王永慶私下發給主管的特別獎勵金，它又可分爲兩種，一種是獎勵主管的普通黑包，另一種是給特殊有功主管的槓上黑包。普通黑包的金額通常超過該主管一年的薪水，至於槓上黑包金額更是驚人，常達數百萬元之高。

另外，爲鼓勵員工的積極參與，在台塑集團徹底推動工作改善提案制度（請參閱本書第十三章）。

作業流程的問題以操作員最清楚，因此，改善提案必定會來自現場的操作員。那麼，要如何激勵操作員肯主動花腦筋去改善呢？基於「重賞之下，必有勇夫」的道理，台塑想到了實惠的獎金與精神上的獎勵辦法。

爲此，台塑特別制訂了一項「改善提案管理辦法」。辦法中第六條規定，改善提案若有效益，可依「改善提案審查小組」核算的預期改善月效益百分之一計獎，獎金從新台幣數百元至數萬元不等。另外，成果獎金的核定，則以改善後三個月的平均月淨效益之五%計獎，每件最高不得超過十萬元。

獎金之外，還有行政獎勵、獎狀，以及刊載改善事蹟於台塑企業雜誌上等精神獎勵。

績效獎金提升產能

除了年終獎金、黑包、改善提案獎金之外，還有相當重要的績效獎金。台塑集團在一九六七年開始實施績效獎金制度。剛開始，台塑總管理處總經理室的幕僚選定幾個事業單位試辦，幾個月後，發現試辦的單位生產量倍增。至此，台塑才深刻體會到績效獎金強大的激勵力量。

有錢能使鬼推磨，王永慶深知金錢的魔力，他說：「相信許多管理者都有這樣的經驗：某一系列的生產單位使用一百人支付月薪方式，每月生產一百件產品；後來改爲論件計酬，工人爲了追求更多的報酬，莫不發揮著潛力努力以赴，於是人員由一百人減至五十人，生產量卻由一百件增爲

兩百件。」❾

由於金錢的魔力，使產量提高了四倍。

台塑總管理處總經理室的幕僚發現，管理就是在追求點點滴滴的合理化，而績效獎金制度顯然是推動合理化最有效的催化劑。

若干年前，台化在臺灣南部接收一家紡紗廠。接收當時，那家紡紗廠的作業員一個人只能照顧三台機器，每台機器生產效率在八〇%左右；比起台化內部紡紗事業單位，一個人照顧六至八台機器，每台機器生產效率在九〇%以上，兩者相差甚多。

台化人員接收該紡紗廠時即發現，臺灣南部各紡紗廠都是一人照顧三台機器；倘若比照台化內部紡紗事業單位，強制增加員工的照顧機器台數，不但會遭遇員工頑強的抗拒，而且很可能都會因承受不了突如其來的壓力而離職。

❾王永慶一九七二年四月廿五日，在台南應成功大學工業院之邀，以「沒有管理就沒有企業」為題之演講詞。

於是，台化拿出績效獎金制度，要求增加照顧的台數，但每台機器的生產效率不能降低，甚至要提高；換言之，要求照顧的機器台數從三台增加到六台，而效率也要每台機器生產效率提高到九〇％。剛開始時，台化設定的生產效率目標，不敢立刻設定到九〇％，僅從八〇％調整到八五％，而後逐步增加。最後在績效獎金制度的激勵之下，數個月之後，不但照顧的機器從三台增加至六台，而且每台機器的生產效率也達到九〇％。

根據台塑總管理處總經理室幕僚的觀察，因爲績效獎金提供了誘因，使得台塑員工對追求績效產生了切身感，就把潛力有效地發揮出來了。績效獎金占員工薪資的二〇％至五〇％，是一筆很大的數目，因此每一個員工都很關心，幾乎都會在每年績效目標設立後，就頻頻追問會計部門獎金多少的問題。從此處即可看出，因獎金提供的誘因，使得人人都積極參與生產的工作。

通常績效獎金制度都是，先定下一定的標準，若是生產達到此標準，就發放獎勵金。然而，這個標準必須公平而又恰當，因此很難制訂。

如果標準訂得太嚴，員工拚命努力也達不成目標，只能望梅止渴，員工就會抱怨，認爲公司在騙他們，那會打擊士氣；如果訂得太鬆，員工輕易就達成了，成爲變相的津貼，反而養成員工怠惰的習性，那是毫無意義的。

所以，台塑總管理處總經理室的幕僚必須對各事業單位的工作有深入的瞭解，才能擬訂出合理的績效獎金制度，不會太嚴，也不至於太鬆；否則，一旦獎勵標準沒訂好的話，效率非但不會提高，恐怕還會下降。因此，他們掌握了一個原則：表現平平得不到獎勵，拚命努力就拿得到獎勵。

此外，**並非只是利用績效獎金去提高員工的工作意願即可，各事業單位也必須注意到改善措施與改善設備的配合**。否則，只有採行績效獎金制度，而沒有附帶的管理改善措施，是不會有效果的。

所以，台塑總管理處總經理室的幕僚人員都有一個共識：讓各事業單位找出不合理的項目，先行研擬解決方案，而後再利用績效獎金辦法，鼓勵員工從事合理化的改善措施。兩種良法巧妙的配合，就能發揮出良好的效果。

以上是台塑獎勵管理的概況。

王永慶對部屬的要求幾近苛求，但給部屬的獎金也高得嚇人，這一推（壓力管理）一拉（獎勵管理），收放之間他拿捏得恰到好處。因此，儘管有不少人被壓迫得幾乎喘不過氣來，甚至因此得了胃病，然而大多數的員工還是養成了積極的工作態度，因而創造出台塑卓越的績效。

第十五章

管理電腦化

經營企業必須跟隨外在環境的變化，不斷地調整自己的管理步調，而管理電腦化乃是企業持續追求合理化必然的結果。

王永慶的第十五個經營理念是「管理電腦化」。**若用一句話來說明台塑的管理，那就是：管理制度化、制度表單化、表單電腦化。**管理制度化已經在第十三章與十四章解說過了，本章要解說制度表單化與表單電腦化，也就是管理電腦化。

電腦化是企業追求合理化的必經過程

經營企業必須跟隨外在環境的變化，不斷地調整自己的管理步調，而管理電腦化乃是企業持續追求合理化必然的結果。

台塑創辦人王永慶斬釘截鐵地說：「電腦化是企業追求合理化的必經過程。用電腦是一種需要，非用不可！人類整個生活都改變了，沒有電腦就不能和別人競爭。」[1]

何謂管理電腦化呢?他用超級市場簡單的例子，來解釋這個複雜的概念。他指出，擺在超級市場上的雞蛋存量先在電腦裡訂好，最低存量爲一百個，最高存量爲五百個；而現在超市攤上有一百零二個，客人進來買走了十二個，因爲結帳時經過掃描，便知道攤位上只剩九十個，低於最低存量，所以要立刻補進四百一十個，以達到五百個最高存量。

王永慶說：「不用電腦的話，怎麼知道要補進多少個呢？光用眼睛看是會漏掉的。電腦在補貨的同時，還會自動打出最近三個月的採購記錄與請購單。這麼一來，就不必每件採購案都得主管批准，因爲準則早就設定在電腦裡，電腦打出請購單，就等於是批准了。」❷

這是最基本的資材管理的電腦化。

台塑早在一九六七年就籌劃使用電腦。一九六八年開始租用台糖IBM三六〇—二〇型電腦處理資料。一九七六年開始局部帳務電腦化，將人工開立的傳票輸入電腦，編製稅務機關規定帳簿及財務報表，一直延續到一九八一年。從一九六七年到一九八一年的十四年裡，根本談不上管理電腦化，台塑僅僅做到電腦利用「批次」的作業方式，取代了人工，其

❶潘佩琪，〈王永慶談電腦化與高科技〉，一九八四年十一月廿四日出版之第五三期《資訊與電腦》，頁七三。

❷同❶。

中毫無管理機能可言。

管理電腦化的兩個先決條件

管理電腦化必須有兩個先決條件。第一是管理制度化，亦即完善的管理制度；第二是制度表單化。

管理制度化

先說管理制度化。

王永慶深知，管理電腦化必須以完善的管理制度爲基石。爲了要建立完善的管理制度，台塑於一九七三年成立總管理處總經理室，全面展開各種管理制度的制訂、推行、檢核、改善等工作。經過六年的雷厲風行，亦即一九七九年，總算顯現出管理制度的成效。

到了一九八一年，台塑的管理制度已經非常上軌道，此時已具備了管理電腦化的第一個條件。這時台塑的年營業額超過六百億台幣，爲了處理日益龐雜的業務，全面引發電腦化的需求，因此，王永慶立刻指示總管理處總經理室，開始規劃「整體電腦化連線作業系統」事宜；換言之，那就是電腦的工作由「批次」走向「電傳」（ON-LINE）。電腦「批次」作業，其功能僅限於取代人工而已；若電腦「電傳」完畢，則具備管理的功能，成效極爲驚人。

制度表單化

從一九八二年開始，台塑進行軟體程式的規劃工作，把生產、人事、資財、營業、工程、財務等各種管理制度改爲電腦語言。這是管理電腦化的第二個條件，亦即制度表單化。

軟體程式和各種管理制度息息相關，而軟體開發則必須從制度規劃去著手。在制度的規劃工作中，除了制度必須表單化之外，各種管理表單都必須逐一檢討，以符合電腦化的需要。

在這個過程中，王永慶除了原則性的指示外，他力求每一張報表、每一個欄位、每一個字都要精簡、有效、有機能，絕對不能多餘，多一個小數點都不行。舉例來說，在營業管理方面，原來三十五張營業類電腦報表，共刪除了十八張，留用的只有原來的一半；可是，剩下的表單，沒有一張是多餘的。

王永慶對檢討表單痴迷的程度，從下面這件事即可知曉。

在一九八二年時，王永慶爲了洽購美國JM塑膠管工廠，帶領幾位重要幹部赴美國水牛城談判。連續談判幾天之後碰到星期五，美方人員說明天是週末，他們要休息兩天，王永慶雖不願意，但也沒什麼辦法，只得等到星期一再接著談。

水牛城的隔壁就是全世界最大的尼加拉瓜大瀑布。幹部們眼見難得出現的兩天假期，就建議老闆一起去大瀑布遊覽一趟。

不料王永慶答道：「瀑布有什麼好看的。我看這樣吧！你們幾個去看瀑布，我待在房間裡檢討目前急著修訂的表單。」

結果是沒有人去看大瀑布，大家都留下來檢討表單。

這段期間，台塑的每一張表單都由王永慶親自過目，甚至表單上的每一個表格如何設計，怎樣去塡寫，他都帶著部屬一張一張地檢討。還有，台塑許多電腦作業的架構都是王永慶搭建起來的，細節部分再由各個機能組程式設計師將其具體化。

全面推動電腦化經營管理

雖然如此，台塑推動管理電腦化還是遭遇了若干阻礙。阻礙之一是員工完全不懂電腦，這種就要經由教育訓練讓他們熟悉；阻礙之二是半信半疑，因爲電腦化的初期必定有種種的不便，這就要誘導說明，必要時強制執行。

爲了減少推行上的阻礙，台塑在設計各種電腦報表時，即由總管理處總經理室的幕僚和各事業單位的主管一起規劃，讓各中階主管徹底地瞭解它的流程和未來的效益。對若干食古不化不願配合的主管，幕僚們會故意安排其就本身的作業內容向王永慶報告，該主管害怕被王永慶問倒，會改變態度，主動配合。

在王永慶大力的支持與逼迫之下，軟體程式於一九八三年規劃完畢。

同一年，台塑成立電腦管理處，並在各事業部設立電腦組，以配合全面推動「電傳」的工作。

到了一九八九年，台塑完成企業集團的ＥＲＰ（Enterprise Resource Planning，即企業資源規劃系統），而後陸續導入客戶關係管理系統ＣＲＭ（Customer Relationship Management）、供應鏈管理系統ＳＣＭ（Supply Chain Management）、辦公室自動化ＯＡ（Office Automation）、採購作業衛星發包等等。

台塑完成管理電腦化之後，最初幾年的一些成效如下：

一、在資財管理方面，台塑原有十萬多種材料，每月請購案達三、四萬件，原來以人工處理，其繁雜程度不難想像；改用電腦處理後，可計算隨時變動的領料與進料，在存量低到請購點時，自動打出請購單，幾乎已用不到什麼人力了。

二、在倉儲管理方面，台塑原有的八百多名倉儲人員，在實施電腦管理後，立刻節省了四成的人力。

三、在產銷管理方面，營業部門接到訂單後，電腦會自動安排生產線，並立刻將生產通知單從台北發出，在各地工廠的電腦終端機上顯現出來。

四、在工程管理方面，經由事先設定的「工程驗收管理作業規範」，承包廠商在完工待驗收時，完全由電腦決定是否符合標準。電腦公事公辦，絕不會循私放水，因此想偷工減料的承包廠商便會知難而退。如此一來，不但無形中嚇阻了圍標舞弊，而且提高了工程的品質。❸

五、在長庚醫院方面。臺灣各大醫院的每一位住院病人，平均住院是二十天；而長庚醫院在電腦化之後，每位住院病人的平均住院日下降到十天。長庚已成為臺灣病床週轉率最快的醫院。這麼一來，病患與醫院均蒙其利，病患能減低負擔，醫院則能容納更多住院病患。

長庚醫院主要利用電腦排定每位病患合理住院的天數。當病人住院天數超過合理住院日時，電腦就會通知負責的醫師，要求他解釋病人住院超

❸紀慧玲，〈王永慶打出電腦牌〉，一九八六年二月一日出版之第十八期《卓越雜誌》，頁四六。

日的理由。

六、運用電腦作「異常管理」。在台塑的管理電腦化之中，最具特色的是「異常反應單」，它具有自動提出警示訊號的功能，以便主管作「異常管理」。此項功能意義重大，需多花點篇幅來說明。

王永慶說：**「各相關數據均於逐項一次輸入電腦後，即做多層次的傳輸應用，在每一項管理電腦作業內充分發揮互相勾稽、環環相扣、異常反應及跟催管理機能，正確反應實際經營狀況。」**[4]

這句話，把電腦運用在經營管理的功效說得精闢而透徹。

以營業管理來說，首先設定標準，由營業人員自己依客戶產能、市場銷售狀況、台塑企業產能、年度銷售目標，以及目前對客戶的供應量等資料，設定單月銷售量，再交給主管核定，將標準輸入電腦。營業人員實際的銷售量，經由客戶的訂單，也輸入電腦。兩者由電腦做比較，若超出標準，薪水裡就會多份獎勵；若不如標準，「交易異常反應單」立刻會出現在主管手中，隨即檢討是客戶的問題？品質的問題？還是產業景氣循環的問題？擬訂出因應對策。[5]

再以文書管理來說，當收發人員收到外來的電報或信函時，立即要將收文字號與資料輸入電腦管制，然後送給經辦部門簽收後，發交經辦人員處理。今天收到的電報，今天就要回覆，如果到了明天還未辦妥，後天電腦就會列印「異常反應單」跟催；如果是信函，今天收到了，明天就要回覆，如果到了後天還沒辦妥，大後天就會列印「異常反應單」跟催。

又以生產管理來說，台塑各單位事業部每天都會收到下面工廠傳輸過來的生產管理報表，內容包括：生產數量、生產速度、機台數量、運轉時間、故障時間、停機時間等等，倘若生產目標是每天一百公噸，而實際產量只有九十公噸，或是產品良率標準爲九八％，而當天良率只達到九五％，馬上要進行異常管理。這時，主管必須填寫「生產異常分析表」，說明產量異常或良率異常的原因，並詳列因應措施。

楊兆麟說：「在正常狀況下，電腦不會打出報表，但是只要實際效益

❹王永慶，《王永慶談話集第四冊》，二〇〇一年元月十五日《臺灣日報社》出版，頁二二〇。
❺蘇育琪，〈台塑傳授經營秘訣〉，一九八五年十一月一日出版之第五四期《天下雜誌》，頁三四。
❻同❶，頁七四。

低於設定的基準時，電腦立刻自動打出『異常反應單』來。」❻

如此這般，**台塑的電腦有效地發揮出「管理」的功能。透過自動出現的「異常反應單」，不但帶給員工們很大的壓力，使他們絲毫不敢懈怠；而且各種異常反應的資料，都變成主管們改善管理的重要依據。**這也難怪王永慶經常表示，在日理萬機的情況下，他只做「異常管理」。

這就是王永慶所說「互相勾稽、環環相扣、異常反應、跟催管理」這十六個字之精髓所在。

管理電腦化成效斐然

台塑目前已把人事、營業、財務、資材、生產、工程等六大管理機能全都電腦化。台塑集團上下游垂直整合度高，彼此關係密切，透過電腦化可縮短作業流程，提高效率與品質。

台塑的電腦化，還有一項驚人的成就，即是：每月一日結算，亦即以一個工作天結完全世界台塑集團整個月的帳，並印出經營績效分析財務報表。

先說一則故事。❼

有一次，鴻海董事長郭台銘帶幾位公司的重要幹部到王永慶府上拜訪請益。

「請問王董事長，根據您幾十年的經驗，向您請教經營的訣竅。」

「經營沒有捷徑，更沒有訣竅，只有扎扎實實的追根究柢，不達目標絕不罷休的實幹精神。」

頓了一下，換王永慶反問郭台銘道：「你們是做電腦的高科技公司，那你們自以爲用電腦的技術比我們傳統產業會高一等的吧！你們每個月的結算及經營績效分析財務報表在每月的幾日才會結出數字？」

郭台銘以些許不安與有點自豪的語氣答道：「大概每個月五日到八日間會結出來。」

---

❼本故事取材自郭台銘於二〇〇九年十月五日撰寫之〈郭台銘憶王永慶——一語道破執行力〉一文，刊載於二〇〇九年十月十五日之經濟日報。

王永慶直率地說：「無效啦！（台語）笑死人（台語），做電腦的公司『愛擱拖甲歸禮拜』（台語，意指還到拖到整個星期），**我們台塑整個集團一直到每個事業部處，每個月一日中午以前，一定會把所有營業結算及各事業部處的損益及經營分析和對策送到我的桌上。**」

王永慶加重語氣繼續說：「統（台語，意指全部）世界的工廠喔！阮已經做十幾年落（台語，意指我們已經做十幾年了），不但是數字，嘛愛（台語，意指也要）包括所有的經營改善對策。」

郭台銘頓時面紅耳赤，無地自容。

台塑的每月一日結算並非一蹴可幾，並非幾個月或幾年內能夠達成，它歷經了近三十三年的不斷努力，才在二〇〇〇年達成一日結算。它並非依賴電腦的速度與財務人員的努力就能達成，它涉及到整個企業的管理上軌道、表單簡化、流程改善、作業程序的合理化以及電腦作業處理等等，其實它是整個企業管理水準之展現。管理電腦化已經變成台塑的核心競爭力之一。

其實台塑集團在一九九〇年時，只能做到每月七日結算。當時王永慶就要求每月一日結算，所有的高級幹部都說不可能。王永慶改變要求，既然馬上達到一日結算不可能，那麼一年提前一天能否做到？亦即譬如說今年是七天，明年則是六天，後年是五天等等，高幹們說每年經過改善可以提前一天。就這樣，逐年一步一步地改善，才能從一九九〇年的七日結算進步到二〇〇〇年五月的一日結算。

王永慶說：「**一日結算乃是一家公司管理制度是否上軌道的指標。**」

台塑實施管理電腦化，除了有上述的好處之外，還有一項特色就是，絕對不會作假帳。

王永慶說：「使用電腦以後，每一筆帳都跑不掉，根本不可以做出兩套帳。電腦如果能夠作假帳，可以斬我的頭。」❽

宏碁創辦人施振榮卻說：「用電腦作假帳比人腦還快。以電腦記帳，不要說兩套帳，就是五套帳也可以，並且比以前更快。」❾

---

❽一九八五年九月六日《工商時報》第二版。一九八五年九月十八日《工商時報》第二版。

❾一九八五年九月六日《工商時報》第二版。

對於施振榮的說法，王永慶的答覆是：「如果在使用電腦之後，仍然作假帳逃稅，根本就稱不上是電腦化管理；以作假帳的方法與態度使用電腦，充其量不過是將假造的一套數據打進電腦，讓它運算出預期的虛僞經營結果而已，沒有絲毫的管理功能。」⑩

三十多年來，台塑集團已經從電腦的門外漢，提升爲電腦化管理的專精者，甚至躍升爲電腦管理技術的輸出者。

曾經有一家電腦軟體業者，自認爲有一套相當完善的東西，就自信滿滿跑去向台塑推銷，經台塑的主管向他們解說台塑集團電腦化的詳情之後，業者這才發現，台塑使用的這套軟體比他們還要好。

王永慶爲了推廣台塑的電腦管理技術與行之多年、收效宏大的ERP（Enterprise Resource Planning 即企業資源規劃）軟體，於二〇〇〇年成立了台塑網科技公司，不但吸引了中油與中鋼等公營企業前往取經，而且連鴻海、統一等知名企業亦相繼向台塑網科購買電腦化整套軟體，以便學習台塑集團管理的精髓。

⑩王永慶發表於一九八五年九月廿四之《工商時報》。

第十六章

奉獻社會

經營企業必須背負社會責任，企業在追求其競爭力與利潤的同時，更必須謹守企業道德。大家尊敬王永慶並不是因為他有錢，而是他的經營長才與正派經營，以及對華人社會強烈的責任感與關懷心。

王永慶的第十六個經營理念是「奉獻社會」，也就是經營企業必須背負社會責任，企業在追求其競爭力與利潤的同時，更必須謹守企業道德，以對社會正面而有益的行爲作爲經營之出發點，發揮無私的奉獻。

台塑創辦人王永慶說：「**企業回饋社會比賺錢重要**。」❶

根據第二〇〇期《天下雜誌》的調查結果顯示，王永慶名列影響臺灣四百年來最重要的兩百位人士中的第一名，不但超越眾多的企業領袖，也同時超越政治領袖與宗教領袖。

二〇〇八年十月，王永慶因病去世，海峽兩岸一片哀悼與不捨的聲音，大家都公認他是一位最值得尊敬的企業家。

大家尊敬王永慶，不是因為他有錢，而是因為他的經營長才與正派經營，以及對華人社會強烈的責任感與關懷心。說得更白一點，因爲他對投資台塑關係企業的大眾有強烈的責任感與關懷心，所以才會贏得大家對他的敬重。

根據台塑關係企業二〇一〇年社會責任報告書，從二〇〇六年至二〇一〇年，台塑、南亞、台化、台塑石化等四家主要上市公司這五年平均每股盈餘約爲五．〇八二元（這包括不景氣的二〇〇八年），這五年平均股東權益報酬率高達一五．八七％以上（這包括不景氣的二〇〇八年）。只要對臺灣股市稍有認識的人都會同意，這是一項非常了不起的經營成果。

此外，多年來在電子業盛行的員工分紅配股制度，使公司股本不斷地膨脹，利潤不斷地稀釋，吃虧的是廣大的投資大眾。針對這一點，王永慶始終堅定地拒絕員工分紅配股，使眾多小股東的利益獲得保障。

還有，他多年來從未支薪與領取董監酬勞，相較於若干上市電子公司老闆每年領取高額的薪水與紅利，更令投資人感到窩心與敬佩。

白手起家的成功者常說：「賺第一個十萬最難。」因爲那是從零到十萬，所以特別難。

就金錢的實際效用來說，十萬與百萬，百萬與千萬，千萬與億萬，差別似乎很大；可是一億與十億其差別就小多了；十億與百億其差別更小。

❶袁飛，大陸《第一財經日報》刊於二〇〇六年十一月三日。

看淡錢財，放眼大局

王永慶曾說：「假如有一天錢賺得夠多了，你就會感覺到錢實在沒有什麼用的。」❷

他大概在五十幾歲時就看淡錢財了。下面這個故事是由台塑總管理處總經理楊兆麟口中說出來的。

一九七〇年左右，楊兆麟擔任台塑企業財務部經理，當時企業要轉向多角化經營，遭遇最大的問題是必須籌措龐大的資金。當時臺灣銀行家數少，都非常保守，所有的貸款都必須提供十足的擔保。那時，楊兆麟經常和王永慶討論貸款擔保的事，王永慶二話不說，立刻取出個人持有的股票，提供做爲擔保之用。

楊兆麟覺得很不妥當，因爲股票是王永慶個人的，並非公司的。拿私人的股票爲公司貸款擔保，實在不妥。但王永慶表示，錢財對他個人而言，意義不大，現在正値企業要擴大規模，用在企業的發展才有意義。❸

還有一個故事。

努力工作為了道義與責任

在一九七一年時，臺灣退出聯合國。社會上普遍擔心臺灣會被共產黨拿走。那時，上游的中油擴建原料廠總是慢吞吞的，下游的石化廠想要擴廠，缺乏原料又不行，因此，王永慶一直就有想蓋輕油裂解廠的構想。然而，當時剛退出聯合國，一位政界的好友力勸王永慶不要輕舉妄動，因為蓋好的廠可能會被共產黨沒收。

不料，王永慶一點都不在乎。他認為，**只要工廠蓋在臺灣的土地上，那就是臺灣的；即使工廠被共產黨拿走，工廠還是臺灣的**，至於工廠的資產是不是他的，他不在乎。❹

從這兩個故事，即可明顯地看出王永慶無私的胸襟。

在一九七三年時，有朋友問王永慶說：「以你現在的財富，生活不愁，

---

❷王永慶於一九八一年十月十八日，在明志工專中區校友會中的談話。
❸楊兆麟，〈勤勞樸實——母親烙的印記〉，發表於二〇〇八年十一月九日。
❹王金樹、李志村，〈行善，不准聲張；出國，搭經濟艙〉，發表於二〇〇八年十一月九日。

何必還那麼辛苦工作呢？」

王永慶表示，他的事業雖是個人創造的，可是和社會的關係很密切。即使先進國家的經營者，企業有了基礎，也是一再地擴展，沒有聽說趕快安排自己享受的。❺

到了一九八一年，又有人問他爲什麼要拚命地工作。

他答道：「這是一個社會責任的問題，我要負責任。如果企業沒有經營得上軌道，萬一我今天在外面被車子一碰，或兩架飛機一撞，死掉了，我死是沒有關係，害了好多投資大眾怎麼辦呢？爲了道義與責任，我不能不努力工作。」❻

另外，王永慶在二○○四年給子女們的一份家書中明確地表示，**人生最大的意義和價值所在，乃是藉由一己力量的發揮，能夠對社會作出實質貢獻**，爲人群創造更美好的發展前景。

他認爲，在一個社會裏面，強者應該扶助弱者，有能力的應該幫助沒能力的；對自己的父母固然應該孝順，進一步也要將這種敬老的心情推及沒有依靠的窮苦老人。這種「老吾老以及人之老，幼吾幼以及人之幼」的精神，就是我們傳統幾千年的儒家中心思想。同時，這種中心思想也是締造和諧社會的原動力。

台塑董事長李志村說：「跟董座（指王永慶）這麼多年，最欽佩的是他無私及奉獻社會的精神，他眞的很想幫忙弱者，幫忙貧困的人。」❼

基於上述的價值觀與人生態度，王永慶創辦明志工專、長庚醫學院、長庚護專，設立長庚紀念醫院，回收廚餘、淨化環境，並把台塑的管理制度無私地公開傳授給臺灣與大陸的企業。茲詳述於下：

創辦明志工專與長庚護專

一九六三年，爲了幫助許多貧困家庭的子弟有書讀，也爲了培育台塑

❺王永慶於一九七二年十二月七日，在國民黨中央委員會社工會的講詞。
❻狄英，〈王永慶談經營管理應合理〉，一九八一年八月一日出版之第三期《天下雜誌》，頁二八至二九。
❼同❹。

未來的子弟兵，王永慶斥資新台幣一億五千萬元創辦私立明志工業專科學校。

他在台北縣泰山鄉環境優雅的貴子村山麓，買下四十五公頃的土地，開始建校的工作。一九六四年秋季，在教育部核准之下，明志工專正式招生。

當年臺灣的經濟條件差，因家境貧困而輟學的人很多。爲了幫助這些人就學，藉著與台塑關係企業的建教合作，充分提供工讀機會。讓學生利用寒、暑假到工廠工讀，使學生在接受教育期間，能夠學、用相長；以工讀所獲得的工資，支付學費與生活所需，培養學生獨立自主的人格，並藉在工廠的實務經驗累積未來就業競爭潛力。

該校在教學環境的規劃方面，大量興建教師與學生宿舍，讓師生全體住校，朝夕相處，以生活教育的方式，充分發揮言教與身教並重的教育功能。

王永慶說：「我們希望這種辛苦的學習生活，能有助於學生精神力量的培養。尤其當時臺灣的國民所得偏低，透過這種教育方式，我們協助了許多家境清寒、無力繼續升學的青年，順利完成了工業專科教育。」❽

明志工專爲了培育有用的高級工業人才，非常重視實務教學，除了安排教師到台塑相關企業駐廠研習以獲取實務經驗之外，部分實務課程由台塑提供授課協助。這種學校與企業建教合作，教師與企業幹部彼此交流的作法，才能逐步達成王永慶強調的「實務驗證理論，理論支持實務」的理想境界。

四十幾年來，明志工專的畢業生在該校校訓「勤勞樸實」的薰陶之下，大多能腳踏實地、盡心盡力地做事，因而深受臺灣企業界的好評。

明志工專設有機械工程、電機工程、化學工程、管理、設計、營建工程等六個科系，並於一九九九年七月改制爲明志技術學院，又於二〇〇四年奉准改名爲明志科技大學，已增設至十個學系與九個研究所，成爲高級工業人才的搖籃。

王永慶又在一九八七年創辦長庚醫學院（之後改為長庚醫學與工程學院，一九九七年改制為長庚大學），一九八八年創辦長庚護理專科學校（二〇〇二年已改制為長庚技術學院）。

---

❽王永慶於一九八三年十月廿六日，在美國賓州費城華頓學院的講詞。

基於「富濟貧、強助弱」的人生觀，為了協助臺灣原住民族群，王永慶透過長庚護校與明志工專，從一九九五年每年都大量招收原住民學生，學雜費全部由他支付，並發給零用金。他希望藉此讓原住民有機會接受教育，習得一技之長，將來能夠自立自強，獲得與平地人相同的發展機會，掙脫貧困。至今受惠的原住民子弟超過四千六百多人。

王永慶說：「原住民先天環境條件不好，如果培養成為護士，除了擁有一技之長，可以改善家庭經濟狀況之外，即使將來嫁為人婦、走入家庭，也是具有現代知識的家庭主婦，能夠做好相夫教子的工作，對整個社會也有很大幫助。」[9]

此外，為了照顧中國大陸失學的小孩，王永慶計畫拿出二十億人民幣（與大陸方面採取相對基金方式），在大陸的窮鄉僻壤蓋一萬所希望小學，每所小學招收二百名學生，預計將有兩百萬個小孩受惠。目前已蓋妥數百所小學。

設立長庚紀念醫院

一九七六年前後，臺灣經濟雖然已經起飛，但是醫療資源仍舊十分匱乏，當時全台只有台大醫院、榮民總醫院、三軍總醫院等三家層次較高的醫院，一般權貴當然可以去治病，可是一般市井小民一旦生了重病，若沒講關係根本進不了這三家大醫院。

有鑑於此，王永慶基於「以人爲本」、「病人優先」的精神，決定斥資二十億，開辦一個以中低收入者爲對象的平民醫院，以服務當時臺灣一半以上沒有社會或醫療保險的普羅大眾。同時，爲了紀念多年前生病因缺乏良好醫療照顧而亡故的父親王長庚（此事令他哀慟不已，抱憾終身），故取名爲「長庚紀念醫院」。

一九七六年，台北長庚醫院成立，有三百張病床的規模；一九七九年，林口院區完成一千五百病床的規模。合計一千八百張床，這在當時是

❾同❸。

大規模醫院。在林口院區開幕前夕，當時的總統蔣經國去參觀，看到長庚的規模與先進的設備與儀器，給他很大的震撼，隔年即各撥百億給榮民總醫院、三軍總醫院以及台大醫院，做爲擴充病房及增加醫療儀器設備之用。

長庚醫院改革了若干臺灣醫療界存在已久的陋習，譬如：取消住院保證金制度，讓病人不會因經濟因素而延誤治療；改革主治醫師薪酬制度，禁止醫生收紅包等。這些創舉都導引臺灣醫療界走向良性競爭，最終改善了醫療環境與服務品質，造福了廣大的人民，使得販夫走卒從急診到重症住院，都能得到現代化的醫療。

因爲長庚醫院之故，早年公立醫院和私立醫院的比重爲八比二，如今卻是二比八。另外，長庚醫院帶動臺灣私人醫院企業化、專業化的經營，繼長庚之後，長老教會基督教醫院、國泰醫院、新光醫院紛紛跟進。

還有，長庚醫院不像若干財團醫院變成貴族醫院，長庚醫療體系堅持走平民路線，照顧弱勢團體，從對原住民家庭的興學救助、長期推動器官捐贈、先天心臟病的治療，到肺炎老人接種肺炎鏈球菌疫苗、顱顏缺損兒童的重建、聽覺神經缺損兒童安裝人工電子耳等等，在在都可看到王永慶的用力與用心。

總之，王永慶設長庚醫院，希望提供低價、高品質的醫療服務。若不是他大規模興建醫院，提高供給量，臺灣的醫療水準可能就非今日的局面。醫院管理的專家張錦文說：「長庚的王永慶，比台塑的王永慶更受臺灣人尊重。」一語道出長庚醫院在臺灣醫療史上的貢獻。

對王永慶而言，長庚醫院只是他整合型保健醫療照護中的一環而已。王永慶心中的醫療王國是從預防保健（長庚生技）、急性醫療（長庚醫院、兒童醫院），一直到慢性醫療（慢性醫院、護理之家）、養生照顧（養生文化村）。

全世界目前還沒有這樣一個保健醫療照護的完整體系，大都是保健歸保健，醫院歸醫院，安養歸安養。王永慶從急性醫院（即長庚醫院）著手，向上延伸至預防保健，向下發展慢性醫院、中醫醫院，進而到老人安養社區，從上到下進行全人的保健醫療照護。換言之，這也是提供臺灣的人民一個從搖籃到墳墓（從嬰兒出生至老人安養）的照顧。

回收廚餘、淨化環境

臺灣每年會製造出將近兩千萬噸的垃圾，如果把這些垃圾鋪在全島，可以堆成一個成人高。這麼多的垃圾，卻只有回收三%的資源，落後先進國家甚多。

其實，垃圾中的紙製品、塑膠、瓶瓶罐罐甚至廚餘（即餿水）都可以回收。根據王永慶的估計，這些垃圾回收一年可有五百億台幣的營業額。他說：「垃圾是資源，埋在地底或燒掉，都是浪費，上帝會說我們笨，該死！」⓾

在這些可回收的垃圾中，王永慶挑了難度最高的廚餘回收，在所有環保專家都認爲「理想高，但不可行」的聲浪中，成立台朔環保科技逐步推行。

廚餘包括剩菜、剩飯、蔬菜葉、果皮、動物內臟、骨頭、蛋殼、茶葉渣、咖啡渣等，約占垃圾總量的三分之一，回收之後好處，有三：

一、以往廚餘由環保單位回收之後，只能當成垃圾來處理，拿到焚化爐用油來燒，不但造成空氣污染，也會污染地下水。

二、廚餘回收之後，送到台朔環保科技的廚餘處理廠，經過高溫殺菌發酵之後，就能製成高養分的有機肥料。這是廢物利用。

三、廚餘回收可以改善土壤酸化的問題。臺灣農民長期使用化學肥料之後，除了污染河川，也造成土壤酸化。若用廚餘所製成的有機肥料來取代化學肥，就可改善土壤酸化的問題。

總之，回收廚餘既可以解決廚餘對環境的污染，又可製造有機肥料，而且還能改善土壤酸化問題，可以說一舉三得，難怪王永慶特別熱中此事。

可是，要建立廚餘回收體系，茲事體大，問題多多。譬如說，家家戶戶如何儲存廚餘？是每天收或兩三天收一次？要如何挨家挨戶去收？收來之後放在哪裏？如何建立儲槽？如何除臭？下游回收廠？縣市政府熱心配合推動？還有最重要的住戶配合問題。

---

❿楊艾俐，〈王永慶再戰王永慶〉，一九九八年六月一日出版之第二〇五期《天下雜誌》，頁一三〇。

王永慶為了讓臺灣每個家庭都能儲存廚餘，自掏腰包花費數億元，訂購七百萬個廚餘桶，免費送給臺灣每戶人家。

該廚餘桶的容量為三公升，那是一家四口（臺灣每戶的平均人口數）兩三天所可能製造出的廚餘量。而每人每天製造出的廚餘量，則是以每人每天製造出○．二五公斤的垃圾量，再估算其中有四成是廚餘，而廚餘的比重為○．六當基礎，如此計算出來的。⑪

二○○○年，台朔環保科技在雲林縣麥寮鄉六輕工業區興建下游回收實驗廠，二○○一年完工開始運作。每天定時回收一次，偏遠地區定點放置回收桶，初期鄉民反應冷漠，半年之後鄉民逐漸體會到回收廚餘的種種好處，回收量增多，到了二○○三年運作順暢，每天可處理三十公噸的廚餘，產出一．八公噸堆肥。

麥寮回收廠試驗成功後，台朔環保科技立即斥資六億元在雲林縣東勢鄉興建大型廚餘回收廠，已於二○○五年六月完工開始運作。該廠每月從台北市、雲林縣、嘉義市回收的廚餘達一千八百公噸，經過處理後每月約可製成兩百七十公噸的有機肥料。

除了雲林縣東勢鄉之外，台朔環保科技預計投資一百億，第一期已決定在桃園縣楊梅鎮與台北設廚餘回收廠，第二期規畫在基隆、屏東等地設回收廠，其目標是能處理全臺灣每年約兩百五十八萬公噸的廚餘，並能製造出十五萬公噸的有機肥料。

台朔環保科技估算，該公司要獲利至少要到二〇一五年。王永慶則說：「只要做到廚餘回收零掩埋、零焚化，不賺錢都沒關係。」⑫

看起來，王永慶「回收廚餘、淨化環境」的夢想，正在逐步在實現之中。

公開傳授管理制度

台塑總管理處在一九八五年七月，成立一個經營管理輔導小組，以台

⑪陳翊中、萬蓓琳，〈八十八歲王永慶的三個大夢〉，二〇〇四年十月十一日出版之第四〇七期《今周刊》，頁四四。

⑫陳昌陽，〈向台塑學管理〉，二〇〇五年五月一日出版之第六號《經理人月刊》，頁八六。

塑下游廠商的負責人與主管爲對象，用講習的方式教導業者台塑的管理制度、利用電腦做好各項管理以及異常管理等等。

台塑首先將生產、物料、採購、財務、銷售等方面的管理制度傳授給下游廠商；其次再教他們如何利用電腦有效地做好生產、物料、採購、財務、銷售等之管理工作；最後教他們如何從這些建立起來的管理制度中發現異常，並改善異常。

此種講習已辦過許多次，嘉惠了千家的下游廠商，他們一致認爲獲益良多。

王永慶一直認爲台塑管理制度非「私有物」，而是「公共財」。於是在二〇〇〇年，由台塑網科技公司董事長王瑞瑜（王永慶之女兒）在台大講解，並大量印製「台塑企業管理制度與網路科技」資料免費送給聽眾。

王瑞瑜講解的內容包括：一九六六年台塑管理制度之建立，一九六七年台塑管理制度導入電腦批次作業，一九八九年台塑集團下各公司完成導入ERP，一九九三年導入客戶關係管理系統CRM，一九九四年設立供應鏈管理系統SCM，一九九八年採購作業衛星發包，二〇〇〇年辦公室自動化OA，可以說毫無保留。

到了二〇〇六年，王永慶又指示長庚大學管理學院院長吳壽山編纂〈向台塑學合理化〉、〈向台塑學追根究柢〉、〈向台塑學創新開發〉等三本教材，內含二十三個台塑關係企業的管理個案。吳壽山並計劃以此教材與政大公企中心與救國團洽談合作，共同舉辦「向台塑學合理化」的系列課程講座。前者是以個人爲招生對象，後者則鎖定中小企業。

不僅於此，從二〇〇九年開始每年兩個梯次，接受大陸中央企業派員赴台塑學習管理制度，內容包括：生產、銷售、工程、採購、人事、財務等等。參與者獲益良多，都認爲是學習國際先進管理經驗的捷徑。

對於台塑的奉獻社會，王永慶有一段精闢的解說，筆者想以這段話做爲本章之結語。

他指出，如果經營企業只是爲了賺錢，那麼在賺到龐大財富之後，由於目標已達成，在經營態度上有可能因自滿而鬆懈，甚至造成衰退。反之，**若經營企業能同時兼顧利益的追求與對社會的貢獻，才有可能基於對社會的使命感，持續不斷努力追求更好的經營績效**。結果在賺取利益的同

時，也同步對社會做出更大的貢獻。⓭

⓭摘錄自台塑關係企業網站中之〈創辦人的話〉。

第十七章

止於至善

這是一種不斷進步的過程，經由不斷地改善，而接近、達到最完善、最完美的理想境界。王永慶指出，經營管理合理化的工作，必須永無止休的苦心耕耘，才能精益求精，日新又新，達到「止於至善」的境界。

王永慶的第十七個經營理念是「止於至善」，也就是說凡事一定要做到盡善盡美；因爲追求盡善盡美，所以凡事必須不斷地改善下去。

「止於至善」是一種不斷進步的過程，這裏的「止」字並非停止或終止的意思，而是達到的意思，是經由不斷地改善，而接近、達到最完善、最完美的理想境界。「止」字表現出一種不斷努力，不斷超越，永不滿足的進取精神。

「止於至善」的理念爲台塑解決了一個發展原動力的問題。因爲經營的盡善盡美永遠在前面，永遠無止境，所以能督促台塑永遠向前走。

其實，台塑創辦人王永慶在談到經營管理時，一而再、再而三提到的**「事事合理化」、「止於至善」、「追根究柢」、「務本精神」、「基層做起」、「重視細節」等等，全都來自中國古代經典《大學》裏所揭櫫的「止於至善」與「格物」。**

追求徹底瞭解，達到至善境界

《大學》經文的第一句與第二句都提到了「止於至善」。

第一句原文爲：大學之道，在明明德，在新民（親民乃新民之誤），在止於至善。意思是：《大學》的宗旨就在發揚仁義、孝悌、忠恕等倫理道德觀念，使人人皆能去惡向善，棄舊革新，達到盡善盡美的境界。

事實上，明明德、新民、止於至善是儒家的三個綱領。「明德」指正大光明的德行，亦即仁義、孝悌、忠恕等優秀的倫理道德觀念；「新民」指讓百姓更新，人人皆能依倫理道德觀念去惡向善；**「止於至善」指事事皆達最合理的程度，物物皆達最完美的狀態，是一種圓滿完善的境界**。「明明德」與「新民」的結合就是「止於至善」。

第二句原文爲：知止而后有定，定而后能靜，靜而后能安，安而后能慮，慮而后能得。意思是：知道應該要達到止於至善的目標之後，才能立定志向；立定志向之後，內心才會靜如止水，不動妄念；內心不動妄念，才能心安理得；心安理得之後，才能思慮周全；思慮周全之後，才能有所得，達到止於至善的境界。

「知止」指知道所當止之目標所在，亦即知道要達到止於至善的目標；「定」是立定志向；「靜」是內心靜如止水，不動妄念；「安」是心安理得；「慮」是思慮周全；「得」是有所得，達到止於至善的目標。

根據王永慶對第二句話的解釋，人生會真正感到幸福的，莫過於以愉快的心情從事對社會有貢獻的事，這是至善的境界，也是「得」的境界。要達到此境界，要先探求工作的意義與止於至善的目標，亦即先求得「知止」，然後身體力行，逐步達成。如果徹底瞭解工作的實質意義所在，自然就明白自己應該從事哪一種工作。基於徹底瞭解所做的選擇才會堅定，不至於因為客觀因素的利弊或因別人的褒貶而信心動搖，這就是《大學》所說的「知止而後能定」。

心定之後才能靜，才能安於自己從事所從事的工作，進而在本位的工作上運用思慮，不斷地求改善、求進步，最後終能將事情處理到「至善」的境界，這就是「定、靜、安、慮、得」一貫的道理所在。❶

王永慶說：「我們對於任何事情的道理，都要追求徹底的瞭解，也就

是要求到『知止』，才能進一步將事情做到至善的境界。」❷

在《大學》之中，還有兩段對「止於至善」做了詮釋，原文如下：《詩》云：「邦畿千里，惟民所止。」《詩》云：「緡蠻黃鳥，止於丘隅。」子曰：「於止，知其所止，可以人而不如鳥乎？」《詩》云：「穆穆文王，於緝熙敬止。」爲人君，止於仁；爲人臣，止於敬；爲人子，止於孝；爲人父，止於慈；與國人交，止於信。

這兩段是對「止於至善」的進一步解釋。第一段意思如下。《詩經》上說：「天子統治的疆域，是人民居住的場所。」《詩經》又說：「鳴叫的黃色鳥兒，棲息在草木茂盛的山丘角落處。」孔子說：「連鳥兒都知道棲息在該棲息之處，人怎麼可以不如小鳥呢？」

要達到「止於至善」，必須先做到「知其所止」，即知道自己應該處在何處，這是指身體的位置，鳥兒尚且知道該棲息在山林之處，人怎麼可以

---

❶王永慶於一九八二年十月三十日，台塑第二期在職人員訓練班結訓時，以「『知止』與『至善』」為題之訓勉詞。

❷同❶。

不知自己該擺放的位置呢？

談到止於至善，王永慶也非常重視「止」這個字，他說：「止於至善，必須從『止』建立基礎，才能達到至善，才能定、靜、安、慮、得。」

第二段的意思如下。《詩經》上說：「端莊高尚的周文王啊！爲人正大光明，恭恭敬敬地處在所當止的至善之地。」做君王的，要做到仁民愛物；做臣子的，要做到尊敬君王；做子女的，要做到孝順父母；做父親的，要做到慈愛子女；與他人交往，要做到誠實信用。

此段延續前一段，仍在闡述「知其所止」，然而前段指的是身體的位置，此段指的是精神的位置，文中提到的「仁」、「敬」、「孝」、「慈」、「信」都是「知其所止」的精神位置。當君王的要仁愛，這是君道的至善；當臣子的要恭敬，這是臣道的至善；當子女的要孝順，這是子道之至善；當父親的要慈愛，這是父道的至善；與他人交往要講信用，這是友道之至善。

在台塑企業數十年的經營發展，及在永不休止的管理合理化追求過程中，王永慶深刻感受到「止於至善」的重要性。他表示，知識的吸收，總是越追求越感到不足；同理，愈努力勤奮工作，愈感到工作做得不夠完善。因此，經營管理合理化的工作，必須永無止休的苦心耕耘，才能精益求精，日新又新，達到「止於至善」的境界。❸

最重要的經營理念：格物

接下來我們要討論《大學》之中的「格物」。**格物乃窮究事物之理，這是王永慶除了「止於至善」之外，最重要的經營理念。**

《大學》經文第四與第五句都提到「格物」。

第四句的原文爲：古之欲明明德於天下者，先治其國；欲治其國者，先齊其家；欲齊其家者，先修其身；欲修其身者，先正其心；欲正其心者，先誠其意；欲誠其意者，先致其知；致知在格物。

此句的意思是：古時想要發揚正大光明的德性於天下的人，要先治理

❸摘錄自台塑關係企業網站中〈創辦人的話〉。

好自己的國家；要想治理好自己國家的人，要先管理好自己的家；要想管理好自己家的人，要先修養自己的品行；要想修養自己的品行，要先端正自己的心靈；要想端正自己的心靈，要先使自己的意念眞誠；要想使自己的意念眞誠，要先戮力求知；戮力求知的方法就是深入去探究事物最根源之處的道理。

儒家的思想體系裏面，最重要的就是三綱領與八條目。三綱領是指明明德、新民、止於至善；八條目則是指格物、致知、誠意、正心、修身、齊家、治國、平天下，這是爲了達到三綱領特別設計的八個步驟，也是儒家的先聖先賢們爲我們所鋪陳的、循序漸進的人生進修八堂課。

在這一生中最重要的八堂課裏面，明顯包含了「向內自修」與「向外治理」兩大範疇。前面的「格物、致知、誠意、正心、修身」是「向內自修」；後面的「齊家、治國、平天下」是「向外治理」。「向內自修」就是孟子所說的「獨善其身」，「向外治理」則是「兼善天下」了。

綜觀《大學》、《中庸》、《論語》、《孟子》等四部儒家的經典，其實儒家的思想體系完全都是遵照上述的三綱領與八條目循序發展的。因此，只要掌握住三綱領與八條目，就能登堂入室，逐步瞭解儒學的精義。

《大學》第五句原文爲：物格而后知至，知至而后意誠，意誠而后心正，心正而后身修，身修而后家齊，家齊而后國治，國治而后天下平。

此句的意思是：先深入去探求事物最根源之處的道理後，才能求得眞知；戮力求得眞知之後，才能使自己的意念眞誠；自己的意念眞誠之後，才能端正自己的心靈；自己的心靈端正之後，才能修養自己的品行；自己的品行修養好之後，才能管理好自己的家；自己的家管理好之後，才能治理好一個國家；一個國家治理好之後，才能使天下太平。

此句講的還是儒學裡面的八條目，只不過它是從格物→致知→意誠→正心→修身→齊家→治國→平天下；而前句則是顚倒過來，從平天下→治國→齊家→修身→正心→意誠→致知→格物。其實兩者談的都是八條目。

不論從格物到平天下，還是從平天下到格物，我們最重視的是「格物」兩個字，因爲它是王永慶若干經營理念的泉源。前面已經說過，**格物就是窮究事物之理，亦即深入去探求事物最根源之處的道理，依此定義去評估，王永慶經營理念中的「追根究柢」是格物，「務本精神」是格物，**

「基層做起」是格物，「重視細節」也是格物。

《大學》的經文中，我們已經解說了第一句、第二句、第四句、第五句，唯獨漏掉了第三句，其原文如下：物有本末，事有終始。知所先後，則近道矣！

此句意思是：各種事物都有其根本與末節，每件事情都有開始與終結，只要弄清楚根本與末節、開始與終結之間的前後關係，那就接近我們要追求的眞理了。

儒家主張所有事物都要從根本處去探求，舉例來說，百姓之間彼此興訟那是「末」，而孔子的做法就是用德性教化民眾，讓民眾去惡向善而不會去興訟，這是「本」，亦即求本而不逐末。

王永慶吸收了儒學「本末」的觀念，在經營台塑時，永遠重視「管理制度」與「合理化」等有關「本」的問題，而忽視「業績」與「利潤」等有關「末」的問題，這就是他的「務本精神」。❹

「六標準差」和「止於至善」密不可分

最後，筆者想用一點篇幅來解說六個標準差（6 sigma），因爲它與「止於至善」有密切的關係。

有一次，一位專家向王永慶介紹六個標準差，講了三、四個小時之後，王永慶脫口說：「那不就是『止於至善』嗎？」❺

標準差原本是工廠製造過程中產品品質要求的一種統計概念。假設某工廠只達到一個標準差，那就表示其生產的產品每一百萬次會發生七十萬次失誤；假設某工廠達到二個標準差，那就表示每一百萬次會發生三十萬次失誤；假設某工廠達到三個標準差，那就表示每一百萬次會發生六萬六千八百零七次失誤；假設某工廠達到四個標準差，那就表示每一百萬次會發生六千二百一十次失誤；假設某工廠達到五個標準差，那就表示每一百

❹請參閱拙作《王永慶給年輕人的8堂課》中的第二堂課〈務本精神〉。
❺這是台大管理學院商學研究所所長陳文華對「止於至善」的解讀。

萬次會發生二百三十三次失誤；假設某工廠達六個標準差，即表示每一百萬次僅會發生三・四次失誤。

在一九八五年之前，一般工廠製程的品質要求大概都在三個與四個標準差之間，亦即每百萬次的不良率大概在百萬分之六萬六千（大約是百分之六點七）與百萬分之六千二百（大約是百分之零點六）之間。換言之，當時一％左右的不良率是可以被接受的。

到了一九八五年，美國摩托羅拉公司（Motorola）的高層警覺到該公司一向頗爲自豪的品質，已遭遇日本貨激烈的挑戰。於是在該公司總裁鮑勃・葛爾文（Bob Galvin）的領導與策劃之下，在一九八七年於製造部門推行六個標準差的品質方案，亦即每一百萬次只能有三・四次的失誤，不良率只有○・○○○三四％，接近零失誤。

摩托羅拉推行六個標準差，在第二年就見到成效，於一九八八年榮獲美國第一屆國家品質獎；從一九八七年至一九九一年，製造部門總共節省了二十二億美元。後來該公司把六個標準差推行到非製造部門，成效更爲驚人，在一九九○年至一九九五年之間總共節省下五十四億美元，震驚企業界。

從一九九五年開始，美國奇異公司（GE）總裁傑克・威爾許（Jack Welch）透過徹底推行六個標準差的運動，使奇異成爲舉世推崇的標竿企業。眼見奇異的優異成果，杜邦、福特、柯達、漢威（Honeywell）等著名企業紛紛群起效尤。

威爾許曾說六個標準差運動就是要求員工以聰明工作來取代努力工作。其實，**六個標準差最重要的精神就是，使整個企業永遠處在一種不斷改進與追求完美的過程中，這正好也是王永慶不斷揭櫫的「止於至善」的精義所在。**

後記

給台塑管理層的暮鼓晨鐘

臺灣的經營之神王永慶既受人尊敬又充滿了魅力。他因爲畢生只賺管理財，不賺投機財而受人尊敬，至於他的魅力，則來自高瞻遠矚的投資眼光、高超的經營績效與驚人的意志貫徹力。

這位不世出的經營奇才於四年前突然病逝於美國之後，坦白說，我一點都不關心他留下多少財產給他的子孫，我只關心他留下什麼寶貴的經營理念，可供華人企業借鏡與學習。

本書列舉的十七項經營理念就是我苦心思索整理出來的結果，我認爲對海峽兩岸、同文同種、價值觀相近的製造業很有參考價值，有心者自會深入去體悟與學習。

針對當今的台塑而言，本書則有暮鼓晨鐘的意義。在王永慶去世之後，台塑在二〇一〇年七月至二〇一一年八月間，六輕廠房竟然連續發生七次工安意外的大火，很明顯的，在缺乏王永慶嚴厲監督之下，台塑員工因鬆懈而導致了一連串的大火。

本書第十四章陳述王永慶壓力管理的精髓就在：戒慎恐懼，永不鬆懈。他在二〇〇一年就發出警語：人的本性要鬆懈比較容易，要緊張奮起比較困難，所以在經營企業首要思考的基本問題是，要設法維持永不鬆懈的經營態度。（參見本書第二四八頁）台塑管理層忽略了這一點，才會發生工安意外。

往者不可諫，來者猶可追。台塑管理層若能謹記教訓，勤讀王永慶經營理念，牢記「戒慎恐懼，永不鬆懈」，當能開創台塑在無王永慶領導下另一個輝煌的世代。

國家圖書館出版品預行編目資料

王永慶經營理念研究 / 郭泰著 . -- 初版 .
-- 臺北市：遠流 , 2012.09
面； 公分 . --（實戰智慧館；405）
ISBN 978-957-32-7039-3（平裝）
1. 經理人 2. 企業領導 3. 職場成功法

494.23 101015723